年輕人為什麼安靜離職？

静かに退職する若者たち

停止淺層對話、降低內心攻防、提升有效回饋，成為共同成長的最強團隊

金間大介——著
林曜霆——譯

方舟文化

序章

在「笑著一對一會議」次週辭職的年輕人

突如其來，辭職代理服務業者的聯絡

「突然有做辭職代理服務的業者打電話來，嚇了我一跳。」

近年來，很頻繁地聽說這樣的事情。

緊接著，也會聽到上司以困惑的聲音說道：「我覺得自己跟這個新人之間，已經有相當程度的相互理解了啊……。」

其中特別讓人覺得震驚的，是「舉行一對一會議（One on One Meeting）的次週，就接到了辭職代理服務業者來電」這樣的案例。

當然在一對一會議上（以下或簡稱「一對一」）完全沒有出現「想要辭職」的討論。說真的，這樣的事情幾乎連想都沒想像過。

雖說如此，真的未曾出現對方想辭職的徵兆嗎？先來回溯即將消失的記憶吧！

那只是一場常規的一對一會議，回想起來基本上應該都只談了些無關痛癢的內容。主管遵循著「要傾聽」的原則，請對方談談最近的工作進展、居家工作的平衡等方面，以及問問有沒有什麼想說的，如此而已。

唯一令人在意的，大概就是談到「想要調整職務」這個話題的時候了。但是……

「雖然也還沒有到現在立刻就想要調動職務的程度就是了……。」

「姑且，提出了想調往開發部門的意願申請。」

因為對方持續使用著這樣的語氣，所以也就照著所表達的文意聽取了。

對於該名員工日常工作的印象是——雖然沒有特別顯眼之處，但很直率、對於事物的理解也很快，是很優秀的人。

由於知道他有幾位同期進公司的同事，主管試著去瞭解了情況，發現只有一個人知道他在本週辭職的事情。雖然那個人看起來一臉抱歉地說明了情況，但當然責任並不在他身上。

最後所瞭解到的情況是，至少這是同期同事們也幾乎都不知道的事情（雖說沒辦法確保他們都沒說謊就是了）。

事實上，接到來自人事部門通知該員想要離職的訊息時，主管腦子裡有先浮現出與之相關的人——負責指導他、會非定期進行一對一會議、年長三歲的前輩。

從獲得的報告看來，他們有著某種程度上的對話，以主管的角度來看，他們的交情應該比較好一些。所以，會不會這位前輩知道些什麼？

若是如此，為什麼這個人什麼都沒有說呢？

這麼一想，便忍不住產生了想要責備對方的心情，但或許是因為本人要求不要告知別人也說不定。畢竟關於一對一會議的內容，完全沒有義務要向上報告。

猶豫了一番該如何詢問，好不容易去談過後，負責指導的人的回答是：「沒想到會馬上就這樣辭職了。」

這表示應該是知道的吧？既然如此，為什麼不先說呢？

主管很辛苦地抑制住了想要追問的衝動。

即便他曾經與該員談過，但大概也不知道該如何向上司提起，才不會顯得像在打小報告。從這個角度看來，負責指導工作的這位前輩，應該才是主管現在最應該要關注的對象。

或許，也有可能是前輩提出離職或轉調的建議。「想辭職的話，趁早比較好喔」這類建議，經常都會出現。或許正因如此，他才會有「沒想到馬上就這樣辭職了」的感想。

假設，在他們之間關於辭職或轉調的勸說對話已經變成常態，那麼年輕同事的指導制度，對公司來說或許就不算是什麼好事了。

為何即使心有不滿，也無法在一對一會議場合裡說出來呢？

為什麼什麼都沒說就辭職了呢？

究竟現在的年輕一輩，是怎麼想的呢？

記掛在心的「一對一會議的不協調感」

在商業場合，一對一會議已行之有年；而在大學，一對一也是極為平常的措施。

近來，一對一措施的對象及頻率都有增加的情況。其背後的原因是，教育大學新鮮人的重要性逐年提升。師長們除了想藉由盡早共享勤學或大學生活相關課題，來預防不得已的學習困難；同時也有目的地希望透過對話、協助學生找到自身目標。

面談方法的指引資料，也是一年比一年厚。可說是打算讓人展開一場「將詢問該展現的態度、該詢問的內容、不該問的內容等等，一切都記住」的面談。

最初，還會覺得「這樣被限制，什麼都沒辦法問啊」而想笑，但如今，想笑的人只會被認為缺乏常識。

我剛開始跟學生進行個別面談的那陣子，限制事項還沒有那麼多，但也已經不太自由了。

當我問：「入學已經半年了吧！狀況怎麼樣？」

學生回說：「住處的隔壁房間很吵鬧，晚上沒辦法睡覺。」

當我問：「有什麼困擾的事情嗎？學習以外的事情也什麼都可以說喔！」

學生回說：「我男友買了件四千多元的二手衣，還穿著要我跟他去○角吃燒肉。」

於是我便答道：「我還沒穿過那麼貴的襯衫呢。這樣的襯衫，就跟肋條肉一起拿來烤吧！」

不，其實我沒說出來。

最後這句話我沒說出來，而只說了「很開心」能跟對方進行面談。

我覺得像這種沒啥營養的互動「毫無意義」，但跟同事這樣說了之後，卻獲得了意外的回饋。

「有能夠這樣跟你說話的學生，很幸運耶！」

——這是怎麼把「毫無意義」變成「幸運」的？

雖然我聽到的瞬間這樣想，但仔細思考之後，便發現同事的說法其實沒錯。

的確，我跟那位談四千元襯衫的學生，能夠共享各種故事。過去的事情當然不在話下，就連模糊不明的將來之事，以及我自己的事情都可以。

相反地，與其他學生們的面談，對我來說都殘留著一些不協調感。

要說是否沒有好好地進行談話呢？並沒有這種情形。

不過，如果問起是否對面談之後的雙方關係帶來了變化呢？這就極為奇怪了。

所有學生在進入研究室時都很緊張。不但在我做出指示之前不會就座，就座後在談話過程中還抱著背包的學生也多到不行。

會緊張是當然的，像這種時刻就得進行破冰。

「雨下得很大吧，有沒有被淋濕呢？」我像這樣轉換了話題之後……

「啊，沒有，沒事的。」得了這樣的回答。

這之後，在平均要花二十～三十分鐘的面談裡，每個人大概都會笑個三、四次。

只不過這些笑容——我仔細回想之後發現，全都是在我笑了以後才出現的。

約定般的「一對一鬧劇」

因為我笑了，所以學生也笑了。

回想之後，發現其實多數學生在面談時都處於被動溝通的立場。

被問「有什麼事情嗎？」，就回答「沒問題」。

被問「學習方面呢？有沒有覺得很棘手的科目呢？」，會回答「數學的練習有點困難」。

被問「私生活方面呢？你應該是第一次離開家裡生活吧？」，便答道「是啊，不過暑假時爸媽會來，所以沒什麼問題」。

被問「打工方面呢？」，則答道「我在兩個地方打工，啊，不過合起來每週四次左右，沒什麼問題的」。

因為我提問了，所以學生回答了。他們在還不算說謊的範圍裡，以適當的程度，從各選項裡找出應該能夠滿足我的答案來回應。

應該就是這樣了吧？

他們會從各個選項裡，選出不會怪得明顯、無論好壞都不會被盯上的安全答案來回應。

數學練習是當時很不容易的科目，因為其他學生也都修得很辛苦，所以能拿來回答我很難；而學生們也都知道，若每週打工排到五次以上，就會被提醒「可能妨礙學業，減少一些比較好喔」。

就像這樣，雖然表面是個別面談，但卻根本無法與個別學生進行共享。

「那麼，之後就在不勉強的程度內加油吧！如果有什麼事，隨時來找我談。」

「好的，謝謝您。那我就先離開了！」

結果就是一直朝著這樣的結果，努力地重複輸出。

這樣的面談，根本是鬧劇吧？

總之因為大學有規定，所以把人叫出來，讓對方緊張兮兮地陪你進行約定一般的面談——這樣做真的好嗎？

對我來說，最初的一對一會議就是這樣，留給了我很多的反省素材。又或者應該說，除了反省沒別的了。

然後，我在這個時候瞭解到了兩件事。

其一是，現今的學生在與大人溝通時，是有「範本」的。同時我領悟到，這其中包含著替眼前大人著想的部分。而這樣的著想，其實是為了不被拉進顯眼世界裡的自我防衛措施。

他們態度良好、謹慎地做出符合該場合的回應，但是絕對不會表達出自己的真實感受。他們不想太顯眼、只想隱藏在其他人群當中……。我把這些現象，稱為年輕人們的「好孩子症候群」（いい子症候群）。

其二是，在重複進行過度符合範本的談話後，我自己（跟其他許多大人不同）感到無法接受。

鬧劇很歡樂，確實如此。既無風險，也沒有壓力。

不過，就是有些地方我不喜歡。就是那種彷彿變成「日本社會裡的一個部件」的感覺。明明沒有特別被誰決定該怎麼做，卻只進行了一場被預定好了的量產型對話。

我並非認為這樣的事情本身絕對是種「惡」。反倒應該說，我能夠理解其必要性（可能還比多數人都更加明白）。

只不過，就這樣結束的感覺，真的不太好。

於是，與範本的戰爭開始了

隔年，小小的戰爭開始了。不必說，我當初所設定的目標，就是要破壞範本，或者排除它。

要怎麼做，才能讓學生們不拿出範本來對應，毫不修飾地說話呢？

要怎麼做，才能讓多數學生，不選擇扮演「認真成分八〇％，稍微不妥成分二〇％」的安全角色呢？

我一開始提出來的作戰是——總之我要對學生們展現開朗。

結果，完全失敗了。

儘管當我試圖表現得開朗之後，學生們笑出來的次數也隨之增加，但也不過就這樣而已。

根本就只是不必要地消耗能量、在每次面談時水喝得更多而已。

現在想起來，當時學生們肯定覺得不太舒服。但看在當時的我沒別的辦法，只能這樣做的分上，請原諒我吧。

我如此在心裡向學生們致歉，接著展開下一個作戰。雖然進行了反省，但我並不後悔。

接下來的作戰，我應用了兩項已經學會的技能，試著施加強一點的壓力。

簡單來說，其一就是往縱向更深入地挖掘學生們的回答。例如，我會根據狀況詢問：「這麼說的意思是？」、「具體來說是怎樣呢？」

另一個是，把學生的思考朝橫向展開。運用諸如：「其他還有嗎？」、「還有沒有與這個相關的事呢？」來詢問。

我自己認為，這是活用了高度技巧的優秀作戰。

但儘管我這樣想，事態卻朝著與預期不同的方向演變。

當時間接近面談，學生們變得團結起來、互相分享起資訊。做出怎麼樣的回答時，老師會如何深度挖掘……，在同年級學生間還組成了「應付金間老師的交流會」。

我再怎麼遲鈍，也很快就察覺到了異常。因為總覺得好奇怪，比起之前，學生們的回答似乎越來越相似了……。

當我正煩惱的時候，救世主出現，給了我提示。

就是那位有四千元襯衫男朋友的學生。那次面談不久後，她就加入了我的研討會。她告訴我：「學弟妹們正在準備應付金間老師的對策喔！」

接著，她勸告我：「老師，這對一年級生來說太嚴厲了。這樣到了明年，可能會沒有人想來參加老師的研討會。」

於是，我再次變更了作戰方式，這次我很有自信。

我將其命名為「我對你非常感興趣，我是為了你而存在的，所以不管什麼話題都可以說喔」作戰。

連我自己都覺得這是很好的作戰方式，肯定能成功。（天才啊！）

而且，我這次的自信是有根據的——我閱讀了許多與一對一會議有關的書籍。

當時還不像現在是「一對一會議技術」相關書籍多到滿出來的狀況，但「詢問／傾聽」、「說話／傳達」、「對話」、「回饋」、「營造信賴關係」等相關技巧的書已經有許許多多。

幸好我是研究者，鑽研創新理論。閱讀書籍對我來說是平常事，多的時候一年曾閱讀過約一百五十本書。

就這樣，從眾多文獻裡獲得了提問技術的我，為了將之發揮出來，再次實施了個別面談。

「好孩子症候群」的超厚障壁

結果很清楚地顯現出來了。（我果然是天才！）

我面談過的許多學生，都變得會自己把話給說出來了。連那些在面談開始時說「沒什麼特別事情」的學生，在我稍作等待之後，也開口談起了自己的事。

我聽到某位學生說：「為了能夠預習，可以的話希望您把上課時會用到的資料先交給我們。」另外其他學生則提到：「能趕上第一堂課的公車實在太過擁擠，所以會遲到。」

也還有其他的學生表示，上課時的空調溫度過高或過低；晚上打工結束後超級市場關門了，導致飲食生活容易混亂等等。

原來如此，這個就是個別面談真正的價值所在啊！

學生們提出的意見越來越多——我想這些肯定是其他老師或行政人員們所不知道的吧？或許我應該集結成報告提出才對。

如果這些問題都能解決，學生們肯定會得到很大的滿足感，在迎來充實學生生涯的同時，應該也更能積極地展開自發性的學習吧！

又或許——該不會學生們是像這樣子想的？

這場面談，超像是「客戶滿意度調查」。

當然，學生們並沒有這樣說。

的確他們願意提供的訊息量是增加了，然而（用現在的術語來說）提高心理安全感的結果，似乎逐漸變成「萬事皆可到府服務」般的狀態。

我不認為這件事本身是不好的，對於組織來說，我覺得是必須的過程。

然而，還是有些地方不太對。至少個別面談所要追求的並非如此。

而且，即便稍微讓學生放開了些，但每當我把話題轉回到自己覺得重要的部分時，他們又一下就回到原本的樣子了。

準備好聆聽、想要讓對方能夠自由地談論，但結果跟之前還是一樣，只是讓對方說出「那時候的正確答案」、「在那情況下的正確回應」而已。

到此為止所進行過的個別面談，我最初開朗，然後稍微有點嚇人，最後試著表現親切。

結果是，沒什麼特別的不同，終究還是回到原本的狀態。我笑，學生也笑；我提問，學生就做出範本般的回答。

我沒做過正確的統計，但從自身的感觸來說，大略有五〇%的學生，程度上可能或多或少，但都是處於這樣的模式之中。

當然，無法否認根本的問題很可能是出在我自身的表現。雖然我自認為有試著在改變模式，但從學生的角度來看，或許什麼都沒有改變也說不定。

是啊，我覺得肯定是這樣的。

對學生來說，只要我是站在「**評價者**」的立場，即便做了什麼嘗試，他們的應對也還是不會改變。

說穿了，學生做為「被評價者」，與身為評價者的我是對立的。如果想要顛覆這一點，那我自身就必須要有更大的變化，並花費長時間來學習才行。

即使我試著運用簡單獲取的知識與技能來應對，還是被學生看透了。畢竟，**只是改變了淺層的溝通方式而已**。

這不就是我把學生（換言之也就是人）當成笨蛋來對待的證據嗎？

「以為瞭解了」，卻產生誤解

讓我們回到開頭的「什麼都沒談過就安靜離職的年輕人」這個話題吧！

因年輕人離職而受到震撼的上司，以及為了與學生的應對而苦思的我，兩者間有著什麼不同之處呢？究竟我們理解了職場裡的年輕人或學生的什麼呢？

我想，不論是那位上司或我，或許終究都只是照著表面的一對一會議，來獲取

「以為建構起了信賴關係」、「以為已經瞭解了」的感覺而已吧！

雖說如此，但這種一對一會議也不是完全都沒有意義的，我們還是可以從中學習到許多。例如我就針對範本做出對策，給無數的假設重複進行過驗證，因而在心中逐步完成相當數量的年輕人類別區分。

起初，我投入精力研究的是年輕創新人才相關領域，寫了許多動機或創業精神的論文，也在國際學會發表過不少次；還進行過大規模觀察研究，並著有兩本相關的學術書籍。

除了正式的面談與研究以外，更曾跟指導學生們徹夜大談戀愛史。

藉由結合學院與實務經驗所獲得的知識，Z世代在我心裡的解析度有了相當程度的提升。

我覺得這樣的知識與經驗多少能夠派上些用場，因此寫了這本書。

本書是「與年輕人一對一前要看的書」

本書的企劃，是發端於我從某家企業技術開發中心負責人那裡，所聽到的一番發言：

「新進人員裡有一個我特別期待的人。某天突然接到了他的離職申請，讓我很震驚。而且他不是交給我本人，而是透過人事部管道提出的。明明在這之前才剛進行過一對一會議啊……！」

以上司與部下，或是前輩與後輩這樣的關係為中心，一對一會議在日本近幾年來快速地被推展。不只企業，連行政機關或醫療機構也都大舉應用。

在這些案例裡，不論何者，位於中心的都是年輕一輩。

換言之，一對一會議是從與年輕一輩的關係當中浮現而出的嘗試——從側面觀察，可以看出這種傾向頗為強烈。

而最重要的例子，都凝縮在前述那位中心負責人的悲痛發言裡。

如今，在所有組織裡，對於年輕人的期待與不安，都逐漸變成了可見的課題。

雖然課題就顯現在那裡，卻不清楚其原因何在。

但就算不清楚原因何在，也終究得應對處理才行。

於是有很多組織導入了一對一會議的措施，而從結果可以看出，此舉似乎獲得了某種程度的回應。

雖說如此，但還是有許多組織，完全沒有想要解決年輕人相關課題的跡象。

在本書中，我們將會正面看待這個問題，把一對一會議與時下年輕人的實際情況結合起來進行討論。並且以一對一為核心，從不同世代之間的溝通問題點切入，對職場上的年輕一輩進行多面向的分析。

在我的想法裡，本書的概念就是「與年輕人進行一對一面談前要看的書」。

我一直是帶著這樣的概念在寫作本書的。

與一對一會議或年輕人相關的書籍，至今都已經出版了相當多。然而，在我所知的範圍裡，將它們組合起來展開論述的書，幾乎未曾看到過。

因為幾乎未曾見過，所以寫作起來非常地困難。能寫得好嗎？我的思考技術與寫作技術都還很稚嫩，所以對此感到不安。

然而雖說覺得不安，前述提起的那位中心負責人，他的不安感肯定更大、更真實。因此我盡全力地寫了。

遺憾的是，本書裡面並沒有答案。**本來在以人為對象的溝通課題裡，就不可能有什麼答案**。

不過，我們是會成長的。

應該說，我想也只能成長了。

自我成長才是最好的解決方法——這是我的口頭禪。

我打從心底希望，拿起本書的各位，都能夠學到一些什麼。

本書的三個特徵

本書由三個部分構成。第一部分談論在企業裡進行一對一會議的實際情況，以及年輕人對於一對一的真實想法等內容。

第二部分裡，則會針對我們原本打算透過一對一會議來理解的那些年輕人們，看其內心真正在想的是什麼？揭示其深層心理。

最後在第三部分裡，承接第一與第二部分的論述，我想要提出給上司或前輩們，此後應該如何與年輕人們接觸的提案。

考慮到這些，我在寫作本書時，很重視以下三個要點。

本書的特徵①貼近上司或前輩的課題

首先第一點是為了包含當今經營者、管理階層的人在內，通常會被稱呼為「上司」或「前輩」的所有人所設想的內容。

尤其能表現出這一點的，是第一與第三部分。

如同先前所說，一對一會議的相關書籍目前在日本市面上已經有許多了。而這其中大部分都是以技術為中心來寫作的，要說是技術書也並不為過。

與溝通相關的書籍也同樣如此，例如：傳達的技術、傾聽的方法等等，例子多到難以盡數列舉。

當然這些也都是很重要的，我在閱讀之後也學習到許多。

只是，技巧也好，技術也罷，若是使用者沒有用心的話，事實上也發揮不出什麼威力來。

只要談到溝通，那對象就是人。一旦站在相對的立場來思考過，應該馬上就能察覺才對——假使，正在與你交談的這個人，運用上了多種溝通技巧，你會怎麼想？對於一個求婚的人，你最終會要求的究竟是技巧？還是真心？

讓我們再一次確認吧！我認為技巧或技術是非常重要的，但不會讓對方感到不愉快、可以有效傳達重要事項的方法也存在著。

而且，運用時的用心程度也同等重要。

因此在本書中，會好好地處理這兩者。

為此，我花了約兩年的時間，聆聽了一百零一個人。

在做為結尾的第三部分裡，我便將自己認為在技術與用心上，最為重要的觀點寫成了一個章節。

本書的特徵②徹底以年輕人的視角來說話

第二點是，徹底地從年輕人的視角來看待事物、來說話。

我總是非常注意這一點。

舉例來說，「培育人才」這個詞，做為一般概念來談論是很方便的，所以我也常使用。

但是，現在希望你能試著從年輕人的立場來想像一下這個詞——

現在的培育人才這個詞，含有很強的「配合社會所面對的課題，逆推出所必須的人才並加以培育」這樣的語感。

我想再次請問大家，如果你是年輕人的話，會怎麼想？

肯定會產生排斥感才對吧？至少我在被當成年輕人時，對這種事就一直都有著排斥感。這就好像有人趁我們不在場時，討論著我們應該要怎麼做一樣。

本書的第二部分裡，描繪了非常多現今年輕人的模樣。在此，我想要提高各位讀者平日在工作場合中遇到的那些，狀似不可理解的年輕人行動的可辨識度。

例如在第五章中，就會談到「上週都還很正常地談著之後的工作，卻什麼都沒講就辭職了的年輕職員」。

為什麼會發生這種事呢？我希望藉由深入探究可能是原因的多種現象，來更接近現今年輕人的實際模樣。

對於他們的行為，我不否認會讓人產生「怎麼會這樣」、「好奇怪」的感受，我覺得這是理所當然的。

然而，我也希望能夠藉由站在年輕人視角或立場來重新考慮，讓身為前輩的大家，都能夠察覺：會這樣想的我們，有可能才是錯的。

本書的特徵③讓我們盡可能愉快且認真地積極向前

第三點是，希望大家能夠盡可能地愉快、笑著閱讀本書。關於本書裡提起的世代落差，我想要在可能的範圍內，營造出可以愉快討論的場域。

不同世代之間的溝通落差，難以避免地就是容易變成互相探究的樣貌。

當落差越大，即便自己內心已經覺得「不太對勁」，但表面上越是會加以掩飾，盡量以不會對自己造成負面影響的方式來引導對方。

我明白原因何在——因為人有自己的立場與責任。

做為上司的立場，以及保護組織利益與秩序的責任。

當這些快要受到威脅時，無論如何都必須要控制好對方才行。「培育人才」也可以說是其中某種象徵性的產物。

不過，其實我覺得這些做法並非是必要的。

年輕人並不厭惡前輩。相反地，可能的話他們也希望可以好好地相處。不用說，前輩們也同樣是如此。沒什麼問題，就是彼此相親相愛啊！然而，結局卻變成這種難以好好相處、很麻煩的狀態。

因此，我強烈地希望被稱為成年人以及前輩的我們，能夠接納年輕人們原本的特質，並創造出能共同向前邁進的社會。

金間大介

CONTENTS

Part 1
「一對一之前」應該知道的事

Part 2
為什麼年輕人突然辭職了？

Part 3
為了此後也能與年輕人們共同前進

Part 1

「一對一之前」應該知道的事

泡沫經濟世代、就職冰河期世代、
寬鬆世代、悟世代、Z 世代……。
只要冠以名稱，光是在一個工作場合裡，
就有這麼多世代的族群在工作著。
成長時代與環境不同，思考方式當然也就不同。
差異的存在無法否認，
而這樣的「世代落差」、「溝通落差」又要如何弭平呢？
許多企業採用了「一對一會議」做為解決的對策之一，
但能有效實施的卻屈指可數。
而且，年輕人還什麼都沒說就辭職了。
為什麼沒辦法順利推行呢？
在第一部分當中，
我們會於回顧「一對一」基礎知識的同時，
透過資料，分析多數職場中會產生「誤解」的原因。

第一章

日本企業追求一對一的原因

一對一會在成為「短暫熱潮」後結束嗎？

一對一的熱潮到來了。印象當中，它在日本普遍蔓延開來是二〇一〇年代中期的事；進入二〇二〇年代後，有更多企業開始實施一對一措施。

當然在這之前就開始實施的企業也非常地多。日雅虎股份有限公司（現為LY Corporation）於二〇一〇年初開始引進，由於內容的一部分有公開發表，所以成為了很多企業模仿的對象。

熱潮是一種現象，以它描繪出的曲線在短暫的興盛後普遍地蔓延開來，但很快就會緩緩減少，最終只會保存在一部分人之間。

我感覺到，一對一也正遵循著這樣的曲線。

它的巔峰是在二〇二三年。進入二〇二四年後，開始對其進行精密審查的企業或許將會開始增加。這是因為很多企業的想法往往都是「總之就開始做吧」、「先嘗試個兩年吧」的緣故。在這之後，有多少企業還會把它當成確立的措施呢？

不，或許應該這樣問：要怎麼樣才能讓它成為確立的措施呢？

一對一熱潮之所以到來，有兩個重要依據。

第一個是對企業來說，培育、活用年輕人才的必要性正在持續增加。

如今需要年輕人才的不僅一般企業。醫院或照護機構；學校、警察或自衛隊；甚至連中央政府的各部會都在尋求年輕且有意願的人才，也正以極大的陣仗在不斷更新著尋求人才的對策。

二〇二三年時，上述組織之外，包括金融業、不動產業、建築業、製造業、放射線技師協會等，來自各領域業界有關年輕人才之培育與獲得的諮詢我都曾經遇過。

身為企業經營者的各位，如果有感受到「不管怎麼發出招募需求，就是找不到人」，這除了是因為年輕人總量變少了；所有組織、團體都成了你的對手，讓召集年輕人的情況變得過熱也是原因之一。

一對一熱潮到來的另外一個依據是，來自第一線管理者的說法：

「在一對一談過後發現，是個意外地好說話的傢伙啊！」

「一對一雖然很麻煩，但好像還有點用。」

我自己則是對這樣的感想抱持懷疑。

然而從現實來說，一對一能蔓延開來的背後，無疑與這些現任管理者們的回應有著很大的關聯。他們之中的許多人，都抱持著「還好有進行一對一」的想法（至少現在是）。

近來，不管經營者再怎麼認為是必須的，只要第一線不支持，就很難在組織裡推行——這些新措施會遭到抵抗與反彈（相反地，如果措施已經扎根了，那任誰都無法阻止）。

一對一算是比較罕見的「經營者與第一線意見一致」之舉措，也因此能夠成為一股熱潮。

「新冠肺炎與一對一」的相關性？

實際上，一對一在日本究竟推展到什麼樣的程度了呢？

就來參考一下瑞可利管理顧問公司（リクルートマネジメントソリューションズ）所提出的「引進一對一會議的現況調查」吧！這項調查是在二〇二二年一月時，針對全日本主要都市圈的企業中，負責人事業務的九百三十六名正職社員所進行的，可信度相當高。

在下一頁的圖表1-1裡可以看到，「一對一是否被當成實施方案引進了」這個問題的回答結果。

乍看之下，可以得知當企業規模越大，一對一在人事或各部門內就越被當成正式方案來實施。包括「各單位自由選擇是否實施」在內，整體約有八四％的企業以某種形式在執行著一對一。

其次，從圖表1-2來看一對一的引進時期，有六〇％以上回答「三年內」。有鑑於這項調查是在二〇二二年一月所實施的，表示過半企業從二〇一九年以後便開始正式引進一對一了。

一對一的引進，從時間點來看，會讓人把它跟新冠疫情給連結起來（雖然採用這種解釋的報導也非常多），但我覺得這

圖表1-1　引進一對一會議的比例

Q：是否將一對一引進做為公司的措施？（單選）

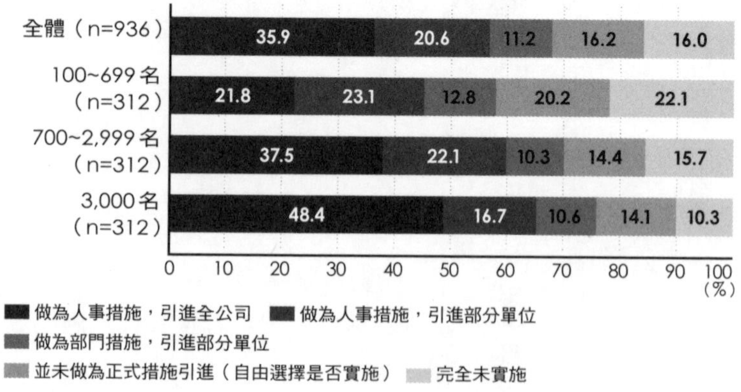

引自：株式会社リクルートマネジメントソリューションズ「1on1ミーティング導入の実態調査」

樣太過簡化了。雖說兩者的時期搭得起來，但並非所有起因都在於新冠肺炎。時代是不停在變化的。（同樣地，「現在是過渡時期」這樣的解釋也很多，但這也太簡化了。照這樣說的話，我們不就一直都處在過渡期嗎？）

當然，因為新冠疫情的出現，「談話」的重要性一下子就增加了不少。畢竟曾經出現在眼前的人都消失了，會如此也是當然的。（但同樣地也有很多人從被看見的壓力當中解放了。）

當上司詢問：「新進來的○○先生，狀況怎麼樣？」如果每天都有碰到面，自

圖表1-2　引進一對一的時期

Q：一對一做為正式措施引進是從何時開始的？
（限已引進一對一措施的企業／單選）

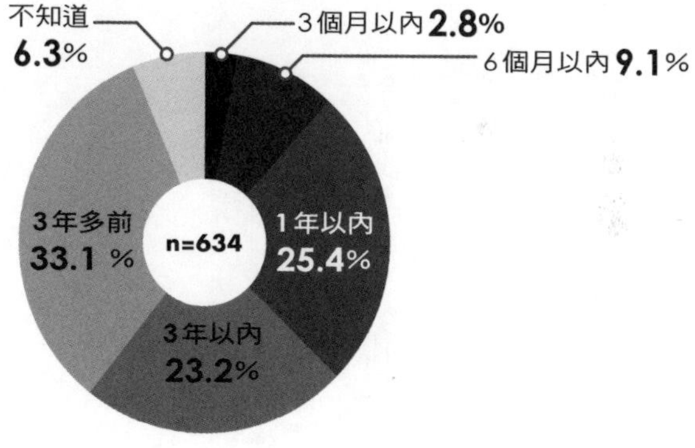

引自：株式会社リクルートマネジメントソリューションズ「1on1ミーティング導入の実態調査」

然可以回答：「狀況好像還不錯喔！」但引進居家辦公以後，就只能回答「我先找他談談看」了。

然而，與這些年輕人才相關的眾多課題，在新冠疫情出現前就已經浮現了。其中首要的就是——難以確保優質年輕人才的數量。

然後再加上，「缺乏自主性」這項重要課題。

「等候指示」的型態也有了變化。以前等待指示的人才還會表現出缺乏幹勁的樣子，如今已經不會了。

現在這些人除了「給出仔細的指示，就會好好地去做」以外，還會表現得很認真、有相當程度的幹勁，談話時甚至還能確實地用自己的話來回應（至少看起來像是這樣）。

認真、直率、優秀。然而能不能說他「會主動去嘗試」呢？或許還算不上吧！

這樣的人對於工作究竟是有意願呢？還是沒有呢……？

如果他是有意願，但卻又有著無法充分發揮的原因，這時就必須好好瞭解狀況並加以解決才行。

把「以評價與業務溝通為中心、上司為主」的會議，轉變成「讓年輕人發言、以年輕人為主」的會議。

一對一就是背負著這樣的期待展開的。

「回饋」的必要性高於管理

當已經有許多企業引進了一對一，那麼尚未引進的企業或許就會感到焦慮。但其實，只要擁有原本確實運作的業務指引、學習進修流程，原則上來說引進一對一的必要性並不高。

只不過，大家的工作應該幾乎都不能只靠著指引手冊來應對吧？

作業中很可能會遇到一通電話或一封郵件等，無數有著深厚脈絡的回答吧？業務也好專案也罷，看起來彷彿制式化的作業，其真實狀況也會時刻不停地改變，而接下

圖表1-3　企業要求學生具備的資質、能力、知識（理科）

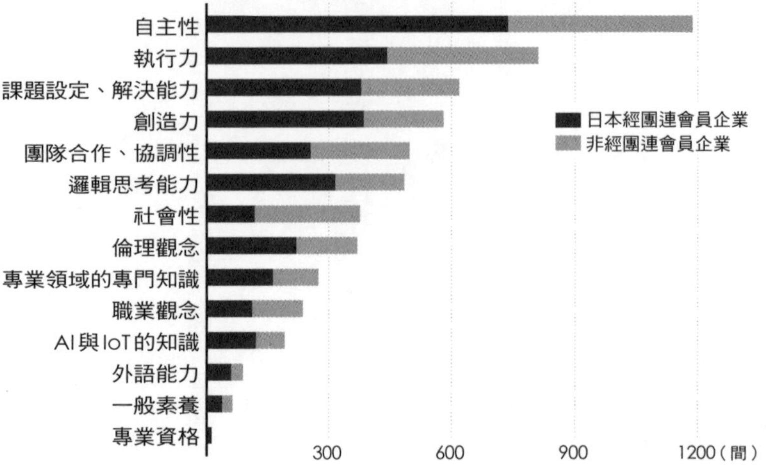

引自：日本経済団体連合会「高等教育に関するアンケート主要結果」

來，就取決於成員各自的表現了。

在這樣的狀況下，年度開始時設定的目標，在經過半年、一年後，也會變得形式化，且缺乏實際內容。

於是，做為業務管理根基之一的目標管理制度，就漸漸地失去了它的功能。

與此同時，實務上所要求的自主程度也提升了。現在的自主性，已經壓倒性地成為了對年輕人要求中的第一順位（請參圖表1-3：圖表雖為對理科背景對象之要求，但對文科也幾乎是一樣的）。

因此而受到重視的就是「一對一」了。上司與部下、團隊領導者與團隊成員將不再需要對詳細的業務流程進行管理，而能夠把精力分配到共享中長期願景或使命上。

在這之後，就是部下或成員個人要走的路了。朝著「達成共享願景或使命」的目標，在重複做出個人決定的同時，也需要建構起能夠應對變化的柔軟姿態。

設定出自己的短期指標，不斷地檢討、比較自身的行動與結果，並自我反思。

由於距離要實現共享的中長期願景或使命都還頗為遙遠，成員們一定會感到迷惘、煩惱，或失去奮鬥意願。

此時所需要的，並非評價或管理手段，而是適當的回饋。或許很多人都會覺得要鼓勵與跟進，但過度的鼓勵會帶來反效果；如果被安慰得太多，只會讓人更深地感受到失敗與沒有做好。

因為很重要，所以容我再說一次——此時所需要的是**適當的回饋**。因為部下或成員，會想要知道自己行動與結果間的因果關係。

不給出評分結果的考試，單純就只是種拷問。從不計時的暫停當中，能學到的東西也很少。

請上司或領導者在可能的範圍內，排除掉評價性要素，努力地做好簡明扼要的資訊回饋吧！若能夠做到像射擊遊戲裡的得分統計、角色扮演遊戲裡的經驗值、汽車的引擎轉速表、散步時使用的計步器就再好不過了。

請務必成為他們工作中的計步器吧！讓他們能夠隨時確認究竟前進了幾步，希望你能夠扮演好這樣的角色（才剛開始說就變得熱血起來了，在此我想先冷靜一下，留待後頭的章節再做解說）。

無論部下多優秀，上司的存在意義也不會消失

如今的時代，想要由上司或領導者來傳授業務上所必須的全部知識或技能，已經是近似不可能的事了。

此外，在新知識或技能陸續出現的現今，上司這一方想要在所有的能力上都保有

優越性，也是不可能的了。

反而是被部下們一項項地給超越了吧？或許你會覺得懊惱也說不定（不，肯定會懊惱吧），但這也是身為上司的一種成功樣貌。

同時，上司這一方所被期待做到的，是能夠理解部下們，並且支援、促進他們的成長。

對於部下來說，則要理解上司或前輩已經不是能夠教導所有你不瞭解之事務的那種存在了。在某些情況下，部下還有可能會跑得更快。

然而，上司或前輩的存在意義依舊沒有降低。

雖然不會再提供答案，但卻能夠成為**「鏡子」**，能夠把部下至今為止的奔跑姿態如實傳達出來。

上司的重要角色還有一個，那就是成為部下**最重要的夥伴**。

部下覺得迷惑時，雖然應該要考慮來自上司經驗的建議，但決定前進方向的仍然是部下自己。

只不過，失敗時，該負責的並不是部下。若讓部下把失敗當成自己的責任，那部下將難以再接受任何挑戰；但倘若失敗是上司的責任，部下就無須為此擔憂了（上司們有就這部分多拿些薪水，所以沒問題的）。

重要的是，要清楚知道部下從失敗裡學到了什麼。

總而言之，如果你希望所屬組織能是如上所描述的狀態，即——

- **所有成員共享著願景或使命。**
- **第一線年輕成員們有發揮出自主性。**
- **經營者或管理階層們沒有造成妨礙。**
- **透過多方面溝通，來支援他們的自主性。**

那就必須要升級一對一溝通了。根據運用的方法，它肯定能夠成為強力的武器。

第二章

容易被忽視的「一對一課題」

一對一的基本原則與四種模式

首先來重新概觀一下，什麼是一對一？以及其基本原則吧！

現在說的一對一，主要目的大多是透過活化組織內部的溝通，讓團隊表現能夠向上提升，並促使成員成長與達成目標。

而其前提是，無論是什麼樣的關係或立場，都要**重視心理安全感，建立鼓勵、開放且直率的對話場域**。

透過這樣做，能為部下或成員提供一種談話環境，讓他們無論面對何種立場的人，都能夠自由地表明自己的意見、創意、擔憂或主觀情感。

本來在日本企業裡，多數都缺乏這樣的環境（至少在公司正式場合裡是如此）。大家對於建立一對一信賴關係的認知，就是要在私人時間裡進行，並依據需求來各自判斷。

因此最大的變化，就是得要按照一定的規則或共同的認知，在上班時間裡進行。

那麼，大目標就說到這邊，接著要稍微把一對一說得更清楚點。

日本市面上已經有許多說明一對一的書籍出版了（主要可分為技術類與心理準備類兩種），在此就以我的

圖表2-1　一對一的四種模式

	模式①	模式②	模式③	模式④
目的	目標的管理、設定、共享	業務的回顧、回饋	理解他人、建構信任關係	促進溝通與多樣性
主要內容	回顧前次的目標與設定新目標 確認所屬公司、部門的願景或使命，以及確認工作內容與之的關係。	就部下或成員的進展、成果、議題等，提供相關回饋 藉由確認進度，來改善工作內容、分享問題及檢討解決方案。	共享個人的興趣與故事 共享對於工作的想法或態度 確認近來（一週左右）的工作細部內容及問題分享。	共享個人的興趣與故事 直接確保通常不會直接接觸的關係之間的溝通機會（例如：總經理和新員工之間）。
頻率	每年約1~4次	每年約4~6次	每月約1~4次	每月約1次
所需時間	約30~60分鐘	約30~60分鐘	約15~30分鐘	約15~30分鐘

視角，先將其分成四種模式來看吧（圖表2-1）！

我認為模式①~③，是已經有許多組織採用的形式。模式④則是一部分的組織因應需求而採行的（我推薦的，就是這個模式④）。

模式①：目標的管理、設定、共享

這是最為形式化的類型。

這種模式應該在許多組織裡，都早從「一對一會議」廣為人知之前就開始實施了吧？隨著近年來的一對一熱潮，它被納入一對一的系列當中。

有許多資深職員在聽到一對一時，所想到的依然是這種模式。

而且，這一點也對於其他模式的一對一造成了不少問題。即便一對一的大目標已經轉為工作內容的檢視（模式②）與信任關係的建構（模式③），但還是有些人會保持著「你的目標是什麼」、「在何時之前可以完成」這樣的努力態度，毫不動搖。

雖說我自己認為努力的態度是很重要的，但我也認為最好要把領域給劃分清楚。

模式②：業務的回顧、回饋

這是在近年來的一對一熱潮中占有一席之地的模式。

如果必須要審視部下的工作內容，並做出回饋，（尤其對部下來說）那將會處在頗具緊張感的情境之中。

模式②之所以能夠被推廣開來，就是因為採用了部下視角，並以他們的話語為中心來重新營造整個場合。

上司或領導者，必須要好好地聆聽部下的話語，並以自身經驗與知識為基礎，盡可能提供具體的回饋給對方。如此一來，對於部下來說，不但自身的努力不會被否定，也可以努力嘗試改進工作狀況或提升技能。

模式③：理解他人、建構信任關係

用一句話來說，這就是時下風格的和緩版本。

此模式對部分年輕人、部分業別、部分人際關係來說是非常有用的，甚至已經升級到「不可或缺」的程度了。

最大的理由就是「指導者制度」。擔任指導者的有時候是上司，但通常都是前輩同事。所以，這裡不會採用評價的視角。

上司的回饋，常常**給出的一方認為是「建議」、「忠告」，但接收的一方卻感覺到有「警告」、「指責」意味**。如同稍後會提到的，弭平這道鴻溝，是非常困難的工作。

在這一點上，前輩後輩這樣的關係就比較平等一些了。雖說是平等，但或許也沒辦法像跟同期同事那般輕鬆對話。如果可能的話，我想要支持把「前輩後輩對話」，變成一種制度。

這個類型③，正是可以察覺出如今年輕一輩特質的機制。

我聽過有些資深人員，也提出了「公司不弄出個制度的話，連跟後輩對話的機會都沒有」這樣的意見。

這話說對了，就是這個樣子。

若不規定成制度，現在的年輕人甚至還沒辦法跟後輩談話。

不過，假使規定成制度能夠提升年輕人們的團隊合作，應該不會有人反對才是。

模式④：促進溝通與多樣性

如同先前提到的，這個模式或許有些罕見。

但也像先前說過的，這是我推薦的模式。

我尤其想要推薦在這個模式之中，與斜上（下）方關係者的一對一。所謂斜上（下）方關係，舉例來說就是「其他部門的前輩」之類的。

畢竟是斜向的關係，若是像原先那樣放著不管，只怕彼此完全都不會有對話。這有點像是以前說的「在抽菸室建立的些許交情」（香菸溝通），或公司內部社團活動（經常聽學生們說，現在這在日本還是很受到重視）這樣的感覺。

只是，現今許多職場的抽菸室已被撤除、運動社團也縮小規模。這正是為什麼我會推薦，要創造一個能夠讓斜向關係更通暢的制度。

我的資料庫裡有山一般多的好例子，但我捨不得都拿出來，就舉兩個來當小故事談談吧！

第一個，是從進入公司第二年的L先生那裡聽到的，故事是這樣的——

前些日子，我有個跟其他部門的課長進行一對一的機會。這件事本身是很偶然的，我想大概是公司隨機抽選出來的吧！沒想到那位課長跟我說：「L君那邊的課長M先生，跟我是大學同年的同學，他從那時起就很會煮菜，尤其是高湯玉子燒更是美味。」

我一直覺得M課長是很沉默寡言、態度強硬的類型，沒想到竟然會做玉子燒（笑）。託這段對話的福，讓我對M課長多了些親近感。

接著也請看另外一則小故事。這是進入公司第五年、從一般職員升職為主任的N先生的故事——

我自己是工程研究科系畢業的，一直以來都待在開發部門裡。前些日子在一對一會議上與我談話的銷售部門負責人O，告訴了我這樣的事情：「我們部門的年輕人P君，是N先生你的後輩吧？之前N先生你提出來的開發企劃案，他很仔細地看了喔！而且看著畫面，嘴裡還一邊喃喃地唸著『好強啊』之類的話。」

雖然不清楚為什麼他要仔細看我提出來的資料，但這段話卻讓我想到：「P君一定會升職到這邊來的，可別輸了啊！」

如上所看到的，無論哪個故事都只是偶然產生的，我覺得不要過度進行這種類型的一對一會比較好。

然而，就像第一個故事那般，偶爾隨機地促進斜向關係的同事間對話如何？因為本來就沒有直接的評價關係，從最初起便比較能夠保障心理安全感。所以有諸如：地位較低的那一方會更容易對話、是否採用收到的建議也可以自行決定等，讓彼此更輕鬆的好處。

關於一對一目的「常有的誤解」

據二〇二一年九月時由PERSOL綜合研究所股份有限公司（株式会社パーソル総合研究所）所進行的「關於人事評價制度與目標管理的定量研究」，可得知一對一會談的平均時間大約為二十五分鐘。（圖表2-2）

一這樣說，我就頻繁地接到「比想像中還短」的感想。

PERSOL綜合研究所的該項研究，是以全日本企業的人事部（主任級別以上）與經營階層、經營企劃部門等，這些能夠掌握自家公司人力資源整體動向的雇員八百位，另外加上主管職務三千位，以及非主管職務的從業人員五千位為研究對象，進行的大規模調查。可以說，這樣的問卷調查裡比較不會存在強烈偏見。

可以考量的點在於，雖然在問卷調查裡有回答進行的所用時間，但實際上進行的

圖表2-2　包含一對一會議的面談平均所需時間

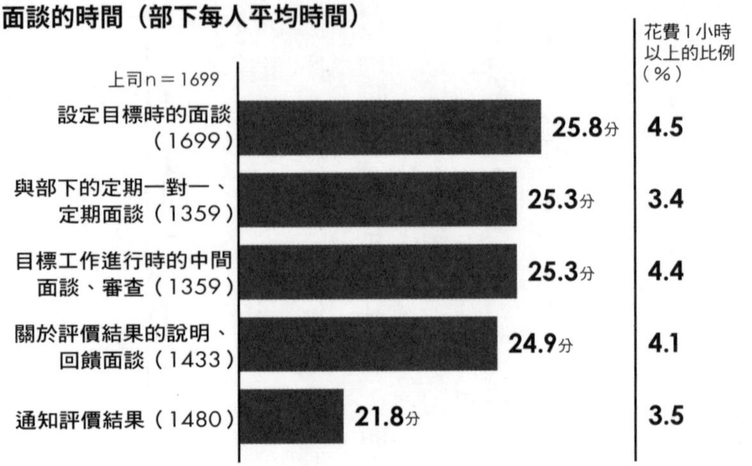

引自：株式会社パーソル総合研究所「人事評価制度と目標管理に関する定量調査」

時間或許更長些也說不定。

尤其，在會議開始之前，很多都要先進行一些破冰工作，所以也得考慮到在說「啊，我到昨天為止都在出差……」這類話語時，也會花掉不少時間。

不過，如同之後會提到的，一對一的課題之一，就是上司或指導者一方常被指出「時間不足」，所以也不能都花在破冰工作上頭。

前些日子，我向某個人提起「在一對一時，只顧著破冰的人很多」時，得到了「若真有確實破冰的話，那樣的關係或許也就不需要一對一了吧」這樣的回答。

我覺得「確實如此」、「說得好啊」。

但，大家可不能都這樣想。

到了目前這階段，由於已經花了相當的篇幅在討論一對一的本質了，所以我不會做出類似重複敘述的蠢事，不過從現實來說，目前把一對一之目的解釋為「能相處得更好」的人還是很多。

單純地與人相處地更好，與**「在說什麼都沒關係的安心感之下暢所欲言，並在促進彼此成長的同時建構起信賴關係」**，是完全不同的兩回事。我個人的感觸是，印象裡越是年長的人就越難以區分這兩者的不同。

相反地，對於現今的年輕人們來說，進行大量的表面溝通、表現得很友善，與能夠真實地說些什麼話完全是不同的兩回事，這樣講一點都不誇張。

如今的年輕人裡，大多數都是在建構如同「投保保險」般的人際關係。不會特意談論真實想法、不做出會讓關係變得緊繃的事情。**對於年輕人而言，人際關係本身就**

是種風險。

考慮到這一點，就讓人在意起一對一是否真的達成了其目的。從企業整體來看，所投入的莫大時間與勞力，真的能確實地獲得利益嗎？

目的已變，「本末倒置的一對一」

是以，接著要談的就是「問題在於一對一是否能夠獲益」。這裡就再從瑞可利管理顧問公司的資料開始看起吧！

圖表2-3，是從引進一對一的六百三十四家企業裡，詢問其引進目的之結果。可以看出，排在第一位的「提升職員的自主性、自律性」及第二位的「協助培養自律性的職場經驗」明顯地高出了許多。尤其是自主性、自律性，更是有超過半數的調查企業都勾選了此一選項。

原本自主性的養成，就不僅是一家企業的問題而已。

圖表2-3　引進一對一會議的目的、背景

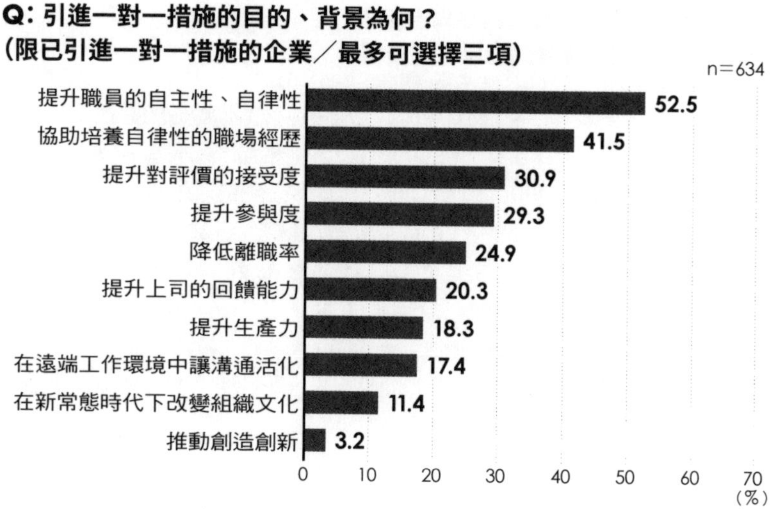

引自：株式会社リクルートマネジメントソリューションズ「1on1ミーティング導入の実態調査」

當初在詢問完目的以後，就應該要以同一個選項詢問是否已經達成了目的，然而這份「引進一對一會議的現況調查」卻很可惜地設定了其他的選項，因而稍微有了些差異。我們就基於這一點來看下去吧！

獲得效果的首位是「上司與部下的溝通機會增加了」，遙遙領先其他選項（圖表2-4）。

很抱歉這麼快就吐槽了，不過這樣做究竟能否達到效果，其實還是很難說的。就像講義的頁數增加，學習的時間也會增加；走廊很長的話，行

圖表2-4　一對一會議所帶來的效果

Q：一對一措施至今獲得的效果為何？
（限已引進一對一措施的企業／可複選）

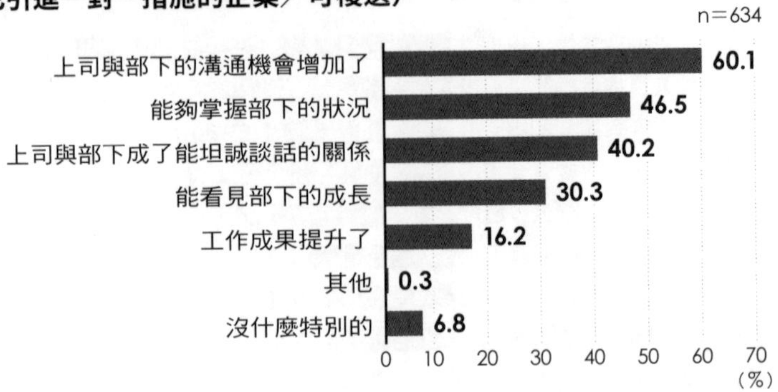

引自：株式会社リクルートマネジメントソリューションズ「1on1ミーティング導入の実態調査」

走的步數也會增加。所以說起來，很可能其實是沒有改變的。

當然，在一對一以外時間所進行的溝通機會增加，也包含在這當中，我可以理解會想要拿這一點來說明會議有效。然而，是否就值得為此花費莫大的勞力呢？說起來還是不無疑問的。（更別說自主性的提升、還有協助培養自律性經驗被放到哪去了？）

在調查結果當中，從第二位開始，依序是「能夠掌握部下的狀況」、「上司與部下成了能坦誠談話的關係」、「能看見部下的成長」。如果真的獲得了這些，那可以說是有了相當的成果吧！

只是，關於是否真的能夠獲得這些效果，我是覺得有些懷疑的。

因為能夠掌握部下的狀況、變得能夠坦誠地談話——在很多情況下，許多這些感覺都是被刻意製造出來的。

如果你跟部下在面談之後有了如下述的感覺，請特別留意——

- **一對一時雖然覺得對方理解了，但日常工作上，看不出有什麼特別改變。**
- **一對一之後雖然覺得雙方的關係更融洽了，但再次談話時對方的態度卻還是跟以前一樣。**

一對一課題的「十個視角」

接下來，要開始整理一對一的課題。我會以現在各方所面臨的一對一課題之最大公約數來進行整理，並加上我的見解來總結。

以下，歸納為三個組別、共計十個視角。

【制度相關之課題】

1 目的不明確

沒有決定好一對一的目的。至少在我的調查裡，不管當事人們是否已經自我察覺到了，在所有課題當中這是最常見的。

我不否定「總之就試著做看看吧」這樣的想法。只是，「總之就……」這樣的指令，被轉換成「總之就不用考慮得太多了」的案例也實在太多了點。在目的本來就已經不明確的情況下，會議的焦點也變得模糊，很可能只會讓人感覺「被逼著去做」。

2 難以確保會議時間

會議的時程調整很困難——甚至也見過不斷延後再延後的案例。即便對站在推薦一對一立場的部門（像人事部等）來說，這也是很困擾的課題啊！畢竟也並不想勉強地逼人接受。

然而，這跟某些身體有點不太對勁的人，以忙碌為理由延後健康檢查是一樣的，該員有可能是因為害怕會發生些什麼，或者單純覺得麻煩不想做而用「我很忙」來帶過，還請加以注意。

【執行相關之課題】

3 準備不充足

不論是再怎麼不經修飾的輕鬆面談，還是要先做最低限度的準備會比較好。例如先想好：「今天至少先確認這一點吧」、「明天來處理這個課題吧」之類。至於從「今天要談些什麼呢？」這種話題開始的，就不用討論了。

只不過，在年輕人當中，也會出現過度準備的情況。最好的方法就是「請教同期的同事」，預先掌握內容並為面談當天做足準備。

4 超過所需時間

在圖表2-2裡已載明了一般一對一會議所需時間，但至少據我所聽到的，許多人所花的時間都遠比這更多。而且，多數人都認為這是好的，因為證明了他們有進行深入討論。

讓我來說的話，這其實是本末倒置。如果有想要好好地討論事項，那就應該在會議裡先設定好這一點才對。一對一不是像居酒屋對談，為了讓無法在會議上進行議論的人，確保心理安全感後在一對一時傾吐出來——這樣是錯的。如果討論變得過於激烈，請以「好的，那就把這放進下次會議的議題裡」來做個總結。

5 追求解決課題

與第 4 點類似，因為是很頻繁出現的課題所以想要在此強調——**一對一不是用來解決課題的場合**。不管在一對一或私人領域，每當有人找來、想要討論煩惱時，就是會出現那種試著要解決問題、激動追問細節的人。

一對一畢竟是以共享為主，解決課題的開關請在其他場合再打開吧！再次提醒，切勿批判性地對著課題窮追猛打。

如果就是忍不住想說，或是想尋求解決方案這類情況，那選項A就是：先說出如果是你自己會怎麼做（徹底地以自己當作主詞）；選項B則是：介紹過去的類似案例（就只是當作參考）。我建議，就以這兩個選項之一做為開端。

6 欠缺回饋

在上司方面沒有提供具體性回饋、也不支持部下成長的情況下，一對一的價值會明顯地低落。

也有很多人是以評價或述說感想的方式來取代給出具體回饋。我敢說，這不是年輕人想要的。究竟怎麼樣的回饋才是有效果的呢？這一點非常重要，我會在後續的章節裡再好好地論述。

7 刻板化

這也是比較常被問到的課題。由於每次會議都是圍繞著同樣的主題或議程進行，所以好像會變得無話可說。

這個課題的基本應對策略跟第3點一樣，事前就要考慮，是否真的沒有其他的議題可說了。如果這樣還是找不出什麼主題的話，那就跳過一次不進行也可以。

【心理性的課題】

8 開放性對話不足

在聽過的一連串課題當中，我對這一項是最有印象的。只會說表面話的上司、害怕被質疑遮遮掩掩提建議的前輩、避開自己意見不說的後輩、只會做出上司想要回答的部下……，光是回想至今在調查研究中聽過的故事，我就感覺自己快發燒了。

不管是以上哪個狀況，這些對話都變得表面化、會議也流於形式。這項課題真的很難處理，甚至可以說是本書最大的焦點所在。

9 接受回饋的困難

與回饋有關的課題，起因主要都在給予的一方。然而，接收方也有課題要面對。特別是那些**自我肯定感極度低落**的人，較難以直率地接收回饋，總是會產生「這樣說實在太過分了」、「肯定有些什麼隱情」等想法。

對於不瞭解這種感覺的人來說，只會認為他就是個性扭曲的麻煩傢伙，但對於本人來說，這可是很深刻的問題。

10 其他只有在一對一空間裡才會產生的課題

信任關係的建立是一對一的主要目的之一，但在達成的過程當中，瑣碎而避不開的課題卻比想像中要更多。

舉例來說，如「總覺得年紀較大的部下看不起自己這個上司、覺得上司總把自己當異性看讓人很不自在、希望能諒解身上的香菸味」等，還有許多在一對一空間裡才會出現的課題。這些並非一對一的直接課題，亦不是我研究的主題，因此無法評論，但是這些課題除非本人有注意到，否則多半都難以解決。

希望大家（包括我在內），能夠留意到，每天都自我反省。

別期待一對一立即帶來效果

事實上，還有一個課題無法適當地被歸類在前述十點中，那就是「上司或前輩面談技能不足」。這已經是談到一對一時必定會被提到的話題，換言之，就像必考題。

如同在圖表2-5所看到的，「上司的面談技能不足」已超越「上司的負擔增加」，成為了第一位。

圖表2-5　一對一的課題

Q：現在一對一措施遇到的課題是什麼？
（限已引進一對一措施的企業／可複選）

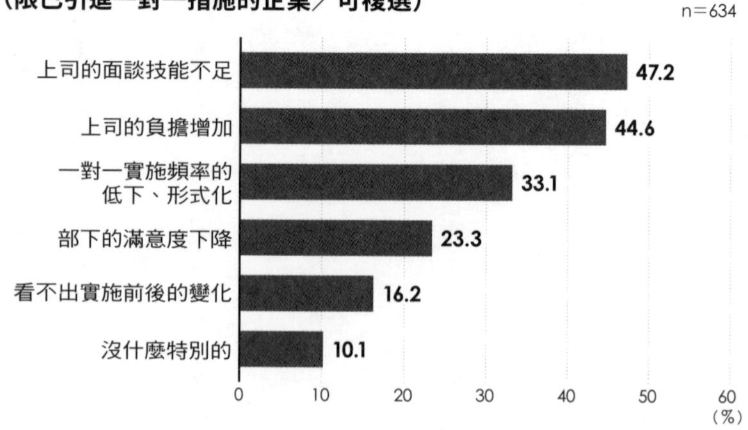

引自：株式会社リクルートマネジメントソリューションズ「1on1ミーティング導入の実態調查」

之後也會提到，我把「為了容易學會，試著從專家或其他人所擁有之技能與知識的一小部分裡，擷取出易懂內容之行為」稱為「快速技能」，並加以批評。我不打算完全否定，但我的觀點是，這樣所獲得的技能肯定不如預期。

不過我也能夠理解，正為自己面談技能不足而困擾的人，即便是快速技能，還是其他別的什麼都好，就是會想要盡快去擁有的心情。

雖說並非不瞭解，但一對一裡的對手其實是**人的心**。只是稍稍讀點書、去參加個進修什麼的，是不會有用的。

我認為對於一對一，必須要做好準備。

不可能一引進就立刻能有結果，要做好長途旅行的準備。而技能，就是在這段長途旅行的過程中學會的。

第三章

一對一所需要的技能

Q：是否曾經在公司內部參加過關於溝通、技能（包含一對一在內）的進修？

引自：作者「101ヒアリング：人事担当者編」

n＝40

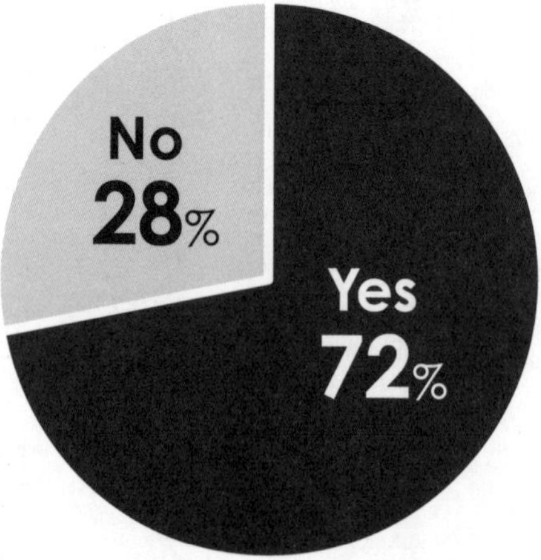

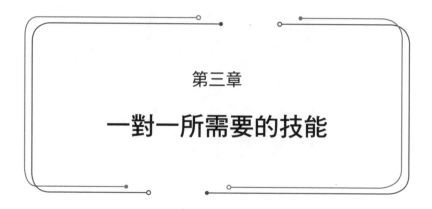

「輔導」與「諮詢」是專業人士的世界

在學術的世界裡，有句名言是「站在巨人的肩膀上」。我衷心感謝前人們所留下來的知識。

在此便想要借用前人們的知識，來把「一對一所需要的技能究竟是什麼？」給說得更清楚一些。

一開始要看的，是由Cybozu Teamwork總研（サイボウズチームワーク総研）所製作的技能地圖。在圖表3-1裡，揭示出了與一對一有關聯的四種技能。

縱軸顯示的是面談對象的狀態，可見他們對自己所做行為（在一對一場合裡主要都是工作）的正向（積極）或反向（消極）程度。橫軸則是顯示主導面談的那一方，實踐該項技能的難易程度。

這兩項無論何者，都確實地把在面談進行中被認為最關鍵的指標給提取了出來，可說是很出色的圖解。

圖表3-1　一對一所需技能位置分布

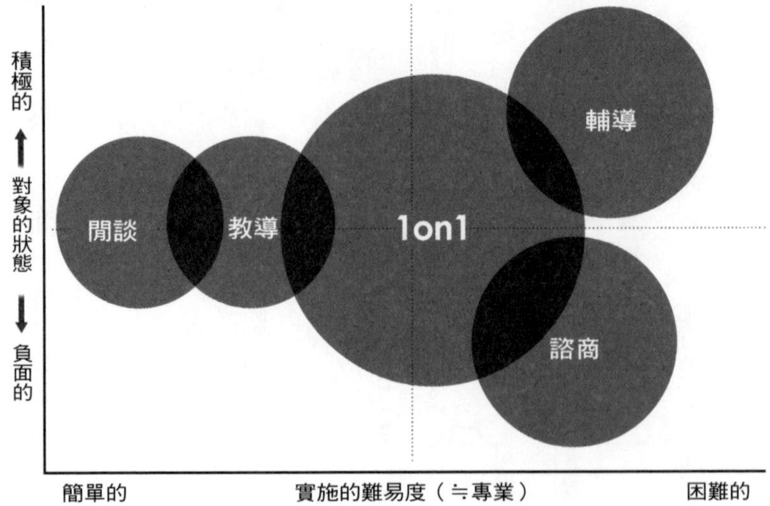

引自：サイボウズチームワーク総研Blog記事「サイボウズ流1on1ミーティング『ザツダン』とは？」

尤其讓我覺得出色的地方是，這張圖裡把兩種因為可以轉用於一對一，而被頻繁採用的技能「輔導」（Coaching）與「諮商」（Counceling）明確地區分了出來。

我自己認識很多就職於這類專業的人們，知道無論何者都需要極高深的技巧。可以說是凝聚了某種技術訣竅的技能。

然而，就如同工藝匠人的技能一樣，其過程或結果是肉眼所無法看見的。這一點也是為何其他業別的人（特別是溝通能力高的人）會覺得好像相對容易就能學會的原因。

再加上，「輔導」與「諮商」是以真正的人為對象。對於自己所做出的行為，其原因與結果間的因果關係並不透明，所以從結構上來說，那些行為很難獲得評價。

在此，我們終於要開始接觸到目前為止特別頻繁被提到的「輔導」了。

輔導的必要「四觀點」

先從回顧何謂輔導開始吧！就算是已經知道的人，也希望務必重新學一下（肯定能學到新東西的）。

當聽到「Coaching」（輔導）這個詞時，我想大多數的人都會先想到「教練」（Coach，社團活動或運動俱樂部的指導者），但在這裡希望各位先把這點給忘掉。

這裡提到的「Coaching」，主要是指能協助個人表現提升或成長的所有手段。在其過程當中，可能透過提問、對話、回饋及其他非語言（Non-verbal）溝通來加深對象的自我理解，並支持其建立與實行能夠達成目標的計劃。

綜上所述，輔導的定義就是「協助對象人物認識自身強項或課題，並找到自我成長的機會」。

關於輔導所扮演的主要角色，我把自己的觀點試著整理為以下四點。無論哪個，都能夠應用於一對一。

①協助設定目標、建立計劃

在許多情況裡，輔導是從設定出想達成的目標，並將其轉化為具體行動計劃開始的。進行輔導者要與輔導對象共享目標，以對象能夠接納的形式、來確定達成目標的戰略。

②提問、對話

我認為優秀的輔導是「在正確的時機，提出正確的問題」。以向對象提出必要的提問做為起點，去促發其探尋自我及理解自我。藉由提問，讓對象深入思考自己的想法及情感，並找出新觀點或解決方法。

③回顧

輔導者要提供適切的回應給對象人物。那樣做的目的，並非是要修正對象的行動或思考，而是為了讓對象自身有機會能夠回顧結果。

④理解自我與成長

如同②所寫的，輔導其一目的，就是要加深對象的自我理解，並進一步促使其自我成長。一般來說，在輔導的領域裡，這一點會優先於對象的短期性成果或業績。正因如此，有時候重點並非解決對象的煩惱，等待、守護的態度也是很重要的。

覺得如何呢？

透過整體理解，可知輔導的最終的目的，就是——**讓對象認識自身強項與該面對的課題，並找出自我成長的機會**。專業書籍裡雖然寫了各式各樣有用的詳細解說，但如果要說起輔導的目標，似乎也就只有這一點了。

對象人物自己做決定、發起行動，不管結果如何，只要認識到自己應負起之責任，那必定可以加深自我理解、提升自我效能。

用更白話的說法，那就是——輔導即支持「以自己的意思來設定目標，朝著目標發起行動，並且成長」。

藉由這樣的體驗，對象人物將能夠更加相信自己，並更進一步朝著目標邁進。

在「無正解時代」更能發揮效用的一對一

乍看之下，輔導與一對一之間，有著許多的共通之處。

特別是考慮到第一章裡曾提及的現今商業環境，就更能夠瞭解一對一的實施，必然會以輔導做為範本。

即便是在商業界，也早在很久之前就開始說這是個「沒有答案的世界」了。

如今已經不是遵照約定或規則執行就能夠前進的時代了——對於一部分的人來說，這可以說是「可怕的悲劇」。

正因如此，上司與部下、前輩和後輩之間，必須共享彼此的願景與使命，並對於個人視情況隨機應變處理業務的自主性態度給予尊重。

為什麼說這是「可怕的悲劇」呢？因為被「自主性」這個聽起來很棒的詞語掩蓋在背後的，事實上就是「是正確做法呢？還是多餘的舉動呢？現在雖然還不知道，但是你要依照自己的意思，負起責任來做出選擇」這個意思。

正因為如此，逃往有答案與手冊能做為範本的平行世界的「患有好孩子症候群的年輕人們」就增加了，這就是我的論述。

而且，雖然說「在年輕人身上這樣的傾向更強烈」，但「好〇〇症候群」也已經蔓延到許多前輩們的身上了。

實際上，我很能理解想要逃避的心情，也完全不想對此進行批判。「是正確做法呢？還是多餘的舉動呢？自己負起責任來選擇吧！」這樣的世界很累人，如今真的已經變成如此痛苦的時代了啊！

正因為身處這樣的時代，一對一能夠派上用場。雖然也有每年仔細地進行一、兩次的模式，但比起來，次數較多加上舉行頻率較高的一對一就顯得更重要了。

正是因為這時代很艱難，我認為任誰都沒辦法直接就說出正確答案。

不過，倒可以聽聽「雖然那的確很困難，但如果是我的話會這樣做……」這樣的前輩意見。「責任我來擔，你就照現在覺得對的方向去做就行了。」這樣的上司的話也可以聽聽。

後頭還會提到，進行輔導的輔導者，因為既不是前輩也不是上司，所以不會對受輔導對象如此說話，也沒辦法這樣子說。

在這層意義上，一對一跟輔導就有了決定性的差異。

只是，考慮到其背後的心意，從「使其以自身意思來決定目標、設定行動，並支持其自我成長」這一點來說，一對一與輔導確實有著很深的關聯。

輔導的「七個課題」

說完了輔導與一對一的共通點之後，接下來要談的就是兩者的相異處了。不過在這之前，我想先確認在輔導領域裡都有些怎麼樣的課題存在。因為這在回顧一對一時，也會派上用場。

【教練（進行輔導者）的課題】

1 技能與經驗的不足

雖然這肯定是會的，但還是把它給放進來吧！想要進行輔導，專門的技能與經驗都必不可少。「在正確的時機，做出正確的提問」究竟有多困難呢？如果各位能夠想像得到就太好了。若進行輔導者未曾積累過充分的訓練，那將無法有效地提供支持。

2 時間與資源的限制

輔導通常都需要長期持續地投入。為此，若不能確保擁有充分的資源，往往都只會迎來不完整的結果。

3 行動、進度的監控

我認為這是非常重要的課題。如果不能適當地就對象的行動或進度加以監控，從結果來說誤導了對象的可能性就會增加。但話雖如此，也不可能守著對方的所有行動看。進行輔導者與對象之間，有必要詳細地訂出適當的監控方法。

4 錯過適當的時機

這是與第3點很有關的課題。依據輔導者應該提供什麼樣的支持，在方法的選擇上也會有許多問題。該在何時進行？——這個時間點也會是重要的決定因素。若錯過了適切的時機，對於對象來說甚至有可能會造成反效果。

【對象（接受輔導者）的課題】

5 目標不明確

在對象並未擁有具體目標的情況下，輔導的方向性與焦點就會變得模糊不清。再怎麼說，輔導的進行還是必須要源自於受輔導者本身。

6 對象的態度、立場

與第5點相關，在對象人物還沒準備好要接受輔導，或是沒有意願的情況下，再怎麼優秀的輔導者也難以充分地進行協助。

7 與輔導者之間的協調性

談這個聽起來有種「賠了夫人又折兵」的感覺，但這是許多書籍裡都曾提及的課題。由於輔導者與對象之間的信任關係是在輔導過程中培育出來的重要要素，所以協調性的問題是無可避免要面對的。這一點，就好比運動選手與經紀人（負責交涉契約等事務的代理人）之間的關係一樣，也會經常被拿出來談論。

「輔導」與「一對一」的決定性差異

接著，我想在前述說明的基礎上，整理輔導與一對一的差異。我認為理解這些相異處是非常重要的，但它們卻往往容易被輕忽掉。儘管多數書籍裡也都相當程度地強調了這一點，但總感覺讀者們老把這部分的內容往後頭放。

以下整理出五個應該要理解的相異處。

相異處①：對象的意願

在一對一裡，即使思想或態度負面的人也會成為對象。

這就是第一個相異之處。

究竟是怎麼回事呢？

從前面章節我們提過輔導的課題，或許你已經發現了也說不定，輔導其實是以「對象人物對於自己應該要做的事情，某種程度上做出承諾」為前提。

請再次回顧一下圖表3-1（第八二頁）。輔導通常是以有著積極意願的對象為前提，然而一對一則是針對並非如此的人。更確切地說，是以「對自己的行為（這個情況下就是工作或業務）採取消極態度的人」為對象。

也就是說，如果讓實施一對一的上司來說的話，態度積極的人一直都很少，這不就是實際情況嗎？

若是如此，那即便參考了輔導的做法，應該也沒辦法改善。

兩者的差異是相當大的。

同樣地，有許多報導或書籍都解說了在運動領域獲得成功的教練的竅門，但也有很多人在閱讀後覺得有些地方不太對。

以最近的日本來舉例，如：日本國家足球隊的森保一教練、青山學院大學田徑部的原晉教練、慶應義塾高校棒球社的森林貴彥教練等人（均是指二〇二三年十月時）。

無論哪份與他們相關的讀物都非常有意思、也能學到東西，然而從實際應用的角度思考之後，還是會有些不協調的感覺。而這種不協調感，幾乎都出在對象的承諾度與基本能力水準的差異上。

事實上，關於我的「金間講座」營運也頻繁地被詢問。來找我討論的內容，大都是：「該怎麼做才能夠（如我的講座這般）喚醒參與講座學生的意願呢？」

然而，這裡的結構跟剛剛所說的一樣的。雖說比不上在箱根道路接力賽或甲子園裡獲得勝利的隊伍，不過在校內「想要去參與金間講座，要先做好心理準備」的說法也早已廣傳開來了。從結果來說，這事實上也產生了一定的篩選效果。

就這層意義上來說，我覺得去學習位於圖表3-1下半部的「諮商」或許會更有效果吧！如果想要學習的是該怎麼支持思想或態度負面的人，那我想反而應該選擇學習諮商才對。

然而很遺憾地，諮商技能主要的對象，常常是處在平均範圍以外的人，這樣的傾向還蠻強的。我從至今為止的觀察裡發現，比較沒有活力的人即便接受了諮商，互動也大概會是：「是啊，工作很辛苦呢，人際關係也很麻煩，我瞭解。不是只有你一個人覺得煩惱喔！謝謝你跟我說話。」這樣的模式。

簡言之，諮商的目的就是讓人先說話（各位諮商師，這裡有點過度簡化細節了，不好意思啊）。

考慮到這一點，**一對一就是正在開闢一片既沒有輔導也沒有諮商的獨有領域**。

相異處②：優先順序

先前多次提到過，輔導的目的是「讓對象人物認識自己的強項與該面對的課題，並找到自我成長的機會」。另外也說過，關於這個過程，被默認在短期之內可能不會有什麼成果。

企業裡的一對一，不能單純地就把優先順序設定為「成長優先於成果」。輔導者是提供支援的人；一對一的面談者則是上司，兩邊的立場是不一樣的。上司可不能隨便對部下說「結果是不重要的」這樣的話啊！雖然稍微有點極端，但對於上司來說，成果總是優先於成長的。

另外，輔導所做的是支持、協助；上司所做的則是管理。輔導幾乎都會集中在眼前的對象上；但當上司的人卻必須要留意全體的部下。

管理是能夠調整的，而這調整在輔導領域當中幾乎不會出現。在管理現場，這邊的人成功了、那邊的人卻失敗了，這種事可說是司空見慣。比起照顧一個人，還有更多的事情必須要從組織整體來思考才行。

考慮到這些，便可以得知輔導與一對一，其前提要件是完全不同的。

相異處③：教導的有無

用一句話來說就是，「輔導是不教導的，但上司如果不教導就沒法談了」。

圖表3-1裡雖然已經載明，但至今為止我們都還沒談到教導（Teaching）這件事。輔導者是進行輔導工作的專家，但並不表示他們也是所針對之行為的專家。因此

原則上來說，輔導在多數情況下都不會進行詳細的教導。

關於這點，事實上日本存在著兩種輔導者——一種是目前為止所討論的輔導專家；另一種則是以教導為主的輔導者。

後者當中最容易理解的例子，或許就是職業棒球隊的教練了吧！

例如，在二〇二三年的北海道日本火腿鬥士隊裡，除了總教練新庄剛志以外，包括投手教練、打擊教練等，在一軍有八人、二軍有八人，共計登錄了十六位教練。他們的工作，就是對所有為他們專業的行為進行相關指導。當然，其中也包含了技術性與精神方面的要素在內。

我花時間試著調查了各個業界的情況，發現日本的輔導者，幾乎都屬於後者這個模式。

根據調查研究過程裡所接觸到的各種論述，這種「以專家進行輔導」模式，似乎有著功與過的兩面。

如同「成功的選手不必然會是成功的教練」這句話，當對於某件事情很熟悉之後，就會對於與之相關的事情有所堅持，也會想要追求超越需求的品質。所以經常能聽到「如果想要客觀地檢視，最好站在相鄰之處來觀看」這樣的說法。

相反地，在學習基礎的時候，專家的教導是有效果的。「對象人物自己來設定目標……」雖然也很重要，但連基礎都沒有的話就根本不用談了。

以這一點來說，在考量到企業的業務時，最需要的其實不是嚴格意義上的輔導，而是教導。

（包含本書在內）在日本有傾向於強調現今是「無正解時代」的論調，但那是指高附加價值化或已經有了差別化的領域——也就是說，那項工作的「基礎」，在公司內部或業界裡頭當然還是有「正確做法」的。

例如，即便在主要處理附加價值或差別化的管理顧問公司，進入公司之後，也有會先被徹底要求的保密義務。在這部分，如果員工自發性地去承擔風險、發揮挑戰精神，那就很頭痛了。

即使是一對一，也必須要確認這個「基礎」是否做得足夠穩固。

相異處④：取代可能性

這與第二、第三個相異點是有關聯的，教練並非現役選手。像鈴木一朗選手這般「選手兼教練」的超人雖然偶爾會出現，但原則上少有。

如果要說這第四點究竟是哪裡有很大不同的話，那就是「取代的可能性」了。基本來說，上司或前輩，是有可能代替部下或後輩來處理業務的；但在輔導領域，不會這樣做。

畢竟被認為是工作「基礎」的部分，前輩們幾乎毫無疑問地都已經學會了。一對一正是在這樣的認知上進行的。正因為如此，教導會成為其中的重要因素，部下一方也可以詢問上司們的經驗。

一旦這個基礎接近完成，那上司或前輩所沒有、屬於部下自己的「獨特性」就變得很重要了。

在與現今企業經營者談話當中，能夠得知似乎大多數的經營者都希望能夠及早、盡可能讓更多的人被引導進這個領域。並藉此提高對於組織的貢獻程度，尤其是在跨部門的專案上，似乎更能夠有所發揮。

「在學會了基礎之後，好像越來越聽不進我說的話了啊！」雖然嘴上這樣說著，但上司們看起來還是蠻高興的樣子。

教導是為了打造「基礎」，輔導是為了形成「獨特性」。可以說一對一，就是這兩項培育要素的結合。

相異處⑤：評價的必要性

最後還是得來談一下，一對一裡伴隨著的，基於僱傭契約的「評價」部分了。輔導，是由自行設定目標並去達成的對象，以及從客觀立場上支持對象的輔導者之間的關係所構成的。但另一方面，一對一則是由同一組織所聘僱的兩者，做為組織營運的一環來進行的。

在這樣的背景下，最為關鍵的就是**「評價」**了。

上司或前輩在一對一的過程中，除了重視協助部下或後輩的中長期性成長，同時也必須就當前的任務做出評價或指導。這可不單單只是想指出一對一需要同時處理中長期與短期雙方問題的難易度而已。

被僱用者必須透過在工作時間內執行職務，來對組織的利益或生產性的提升做出貢獻；上司們則是從這樣的視角，來對部下們進行指導或批評，而這也是他們的職務。原則上來說，這並不像學校的社團活動是以自主性的活動為前提。

輔導是支持**「想要去做」**的人，一對一則是管理**「必須得做」**的狀態。這可以說是決定性的差異。

如果從部下們的角度來看的話，在對話另一端的人不僅僅是「友方」，也是「評價者」。

第四章

關於一對一，「年輕人的真實心聲」

透過「傾聽101」分析年輕人才

我平常研究的領域是創新理論。

雖然這樣說，但或許讀者還是不太清楚這是什麼吧？簡單來說，把它想成是在研究「讓創新能夠產生效果的機制」好了。雖然不完全對，但大致就是這個意思。

在這個過程裡，我也長期地對於創新人才（現今稱之為創業家，Entrepreneur）進行研究。當然，平日裡也閱讀了許多的文獻。

在撰寫本書時，除了這些研究成果以外，我還獲得了對一百零一位任職於企業當中的人士進行提問並得到回答的機會。

這一百零一人，是由兩大群體所組成的。其中之一是已經有過一對一經驗，還被稱為年輕人的群體。從剛畢業的人，到三十來歲的人都是對象，這個群體內總共有六十一人。

另外一個群體，是隸屬於企業總務部門或人事部門（或曾經隸屬於此）的人事相關負責人。這群體的年代不拘，共計四十人。

當初的企劃，是要以兩群體各五十人，共計一百人為目標。然而，傾聽人事負責人的過程頗為困難；相反地，年輕人才這一方的問答很順利，所以最終才會是這樣的人數組合。

本來我是想要很帥氣地發布「百人訪談計劃」的，但後來聽了許多很有意思的內容，也覺得「101」與「1 on 1」在字面上很近似，於是就決定這樣定名了（協助進行訪談的各位，在百忙當中抽出時間，我由衷感謝）。

我將所獲取的資料組「傾聽與一對一有關的一百零一人說法」，稱為「傾聽101」，希望對於接下來的分析能夠派上用場。

首先，就從以年輕人才那一方為主的資料庫裡，來瞭解他們是如何（毫無遮掩地）看待一對一的吧！

一對一難度確認表

在進入正題之前，我想要先就事前的準備做個說明。

在本書執筆過程裡，我開發出了主要針對年輕人，能測量出自己認為一對一有多困難的指標。

藉由運用這個指標，能夠客觀地瞭解年輕人們對於一對一所感受到的棘手程度有多高。

讀者或許會覺得「你真是開發了個多餘的東西啊」也說不定，然而，我的座右銘是「想解決就先評測」、「無法評測的事物不會有發展」，因此還請各位勿見怪。

這個測驗實際上是很方便的，所以我就自己請六十一位年輕人才來回答了。正確來說，最初有先請幾個人進行過試驗性調查，得到回答後（這稱為前導調查），我在收到回答後做了必要的修改——這部分並未納入資料組當中。

另外，也把含有遺漏值（Missing value）的回答給排除了。從結果來看，是由四十七人份的回答，構成了這裡的樣本組。

我所開發出來的一對一難度確認表，請參照圖表4-1。

另外，四十七人的有效回答結果如圖表4-2所示。

如同所看到的，我採用的形式是針對十個預設好的問題項目，依照分成六個等級的順序尺度來回答（這樣的尺度量表稱為李克特量表。不限於六個等級，四等級、五等級、十等級皆可，依照情況來選用最合適的尺度）。

在圖表4-2中，可見關於各問題項裡，選擇「4」以上的人所占的比例。在第一個問題項裡，可以感覺得出有五七%的人對於「一對一結束後，也沒有什麼變化」這點，至少在某個程度上是覺得符合的。這樣分析，能夠更直覺地找出認為「一對一好難啊」的人數比例。

圖表4-1　一對一棘手程度確認表

Q：請從1~6的數字當中，選擇出最符合你情況的選項。另外，這邊所說的「一對一」，請都當成你所屬公司裡實施的與上司間的一對一。

項目	不適用				適用	
有一對一的日子會感到有些沉重	1	2	3	4	5	6
一對一時，會盡可能不說具體的話（僅限抽象的內容）	1	2	3	4	5	6
一對一進行之前，會跟同期同事確認被問了些什麼	1	2	3	4	5	6
一對一時要做出什麼回答，大致都在事前就決定好了	1	2	3	4	5	6
一對一被重新安排時，覺得鬆了口氣	1	2	3	4	5	6
不在一對一時提出任何要求	1	2	3	4	5	6
一對一結束後，也沒有什麼特別變化	1	2	3	4	5	6
一對一中如果有固定的工作議題，會覺得輕鬆很多	1	2	3	4	5	6
在一對一時，會盡可能讓對方說話，自己則只是聽	1	2	3	4	5	6
在一對一時，希望別問太多個人的事情	1	2	3	4	5	6

圖表4-2　一對一棘手程度確認表，各項目選擇4以上的人數比例

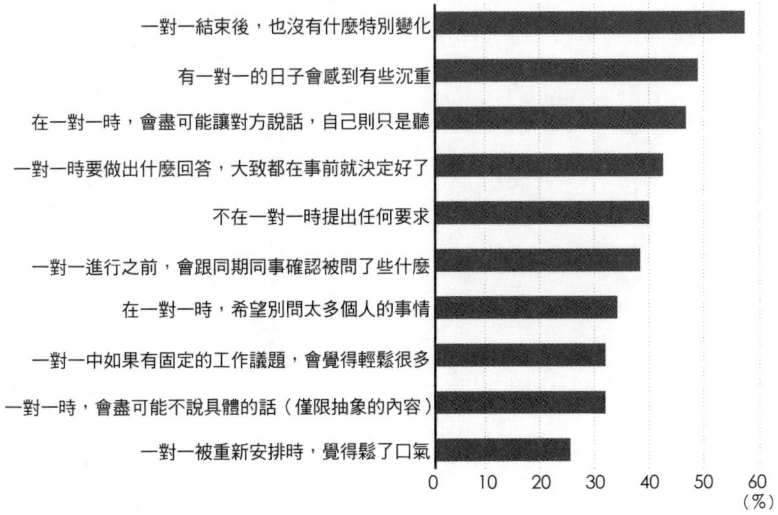

圖表4-3　選擇4以上的項目數量與人數的關係

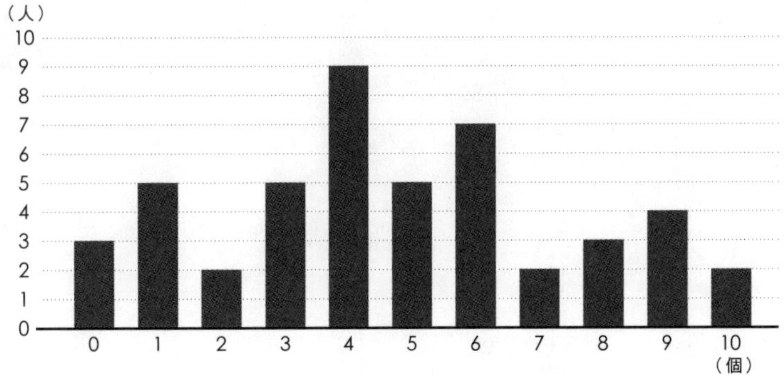

資料來源：作者「101ヒアリング」（N=47）

再下一個圖表4-3，是以「選擇『4』以上項目的次數」來做為橫軸。把縱軸設為人數後，便能夠很直觀地看出對於一對一會感到棘手的人究竟有多少（由於縱軸是人數，所以總數會是四十七）。

從結果來說，大致上就如同事前的預測一樣。

在此，我從圖表4-3做出了以下分類——

- **符合的項目數〇～二個**：「一對一強者」二一％（連一項適用都沒有的強者也有三位）。
- **符合的項目數三～四個**：「依個別情況而定」三〇％（四是這項調查的眾數）。
- **符合的項目數五～七個**：「對一對一感到棘手」三〇％（緊鄰於眾數的主要分布區域）。
- **符合的項目數八個以上**：「一對一弱者」一九％（選九項的有四人，十項的也有兩人……）。

年輕人的一對一「六類型」

如你所見，若要說在年輕人當中有對於一對一抱持非常正面想法、能進一步有效活用的人；便也有會覺得棘手、想盡可能避免的人存在。

不過，這也讓我們瞭解到，在表面好惡（或者說擅長與否）之下，許多人也對其有著不同的認識。為此，在本書裡，我會以傾聽101的結果為基礎，將之分類成如圖表4-4所示的六種類型。

横軸表示的，是對於一對一的好

圖表 4-4　一對一的六種類型

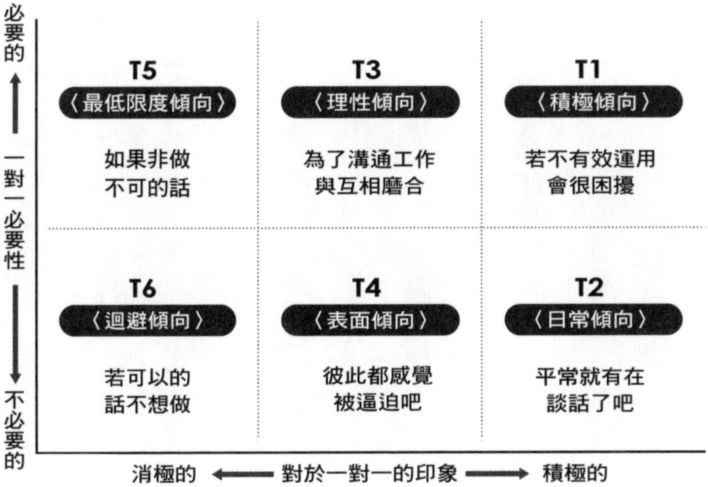

資料來源：作者「101ヒアリング」

感（厭惡感）度。越往右表示對一對一越偏向積極，往左邊則是消極。這項軸心，也把「一對一難度確認表」裡感覺棘手的比例整合進來了。

縱軸則無關乎這些感覺，而是以認為一對一是否需要，做出區分。

如此做出來的，就是如圖所見，這個三乘二的六區塊。在各區塊裡，可以看出各自的特徵。

以其特徵為基礎進行命名的結果，就是圖表4-4的「〇〇傾向」。其下方的文字，如果能被各位認可為是對於擁有該特徵的人所做出的典型評論，就太好了。

接著，來綜觀他們的特徵吧！各位周圍的部下或後輩，是屬於哪種類型的呢？

T1〈積極傾向〉「想盡可能活用」、「如果沒了會覺得困擾」

如同字面意義，這是想要積極地活用一對一的類型。依據情況不同，也有人會認為「如果沒了一對一，會感到很困擾」。在先前的傾聽101裡，有部分回答可以看成是這個類型的典型案例：

「上司的提問讓我能看見自己不足、沒有準備妥當的部分，所以這是一段很有意義的時間。」（二十多歲，女性）

「（在一對一裡）由於要與前輩針對近期的行動做確認，因此會產生『得在下次一對一之前修正好才行』這般良好的緊張感。」（二十多歲，男性）

這實在是很積極正向的回應啊！我覺得很佩服。

另外，如同接下來的例子，更加簡單、不過於正式的對話也很容易獲得好評價：

「這不像所謂的『面談』那麼正式，能夠毫無顧慮、直率地討論自己的工作。」（二十多歲，女性）

「當成是有助於順暢推動往後業務的溝通，這樣的感覺很不錯。」（二十多歲，男性）

事實上，這個〈積極傾向〉，是由兩種類型混合而成的。

第一種是重視與上司、前輩之間對話的類型。個性較開放型的人，若可以遇到理解這一點的上司，就真的很幸運。例如：

「基本上在一對一時，我就是在談論工作或私人方面順利進行的事情，還有自認為可以再做得更好的事情。上司會根據這些，幫我營造出下一個行動的契機。」（二十多歲，女性）

〈積極傾向〉的另一種類型，則是指能合理地掌握一對一，並有效加以活用的人。如：

「一對一，要說起來，就像是我可以專注於自身核心技能的時間。例如，能夠在合適時間點進行討論的提案能力、可以適當傳達出案件狀況的邏輯能力等。

這些對我來說十分必要的能力與技能，能夠獲得相關回饋，真的很有幫助。」（二十多歲，男性）

「不但能夠直接聽到上司對於組織或團隊的想法，也能夠將個人難以解決的問題與組織的課題給聯繫起來，我覺得這是一個不可或缺的場合。」（二十多歲，男性）

無論哪位回答者，對於自己所被賦予的職務都態度積極，光是聽他們那麼說，就讓人感到充滿能量。同時，也傳達出了適當的緊張感。從某個意義上來說，會覺得「啊～找來這種部下的話好可怕啊……」的人或許也很多？（這一段會成為重點，請先記住）。

不過，與這種〈積極傾向〉的人進行一對一也並非沒有陷阱存在。

關於這點，我想之後再來詳細地往下挖掘。

T2〈日常傾向〉「平常都有說了，就不需要了吧」

儘管對於一對一抱持積極正面的感覺，但卻感受不到其必要性。這樣的人比想像中更多。

會這樣覺得，最重要的理由是——「平常不就有在對話了？」

「由於平日裡就已經能夠很開放地談話了，所以不會覺得有一對一真好。」（二十多歲，男性）

「現在我所屬的部門人數不多，我覺得靠著日常見面跟談話，就已經溝通得很充分了。」（三十多歲，男性）

另外，也有種想法是認為，因為已知這類日常對話的重要性，所以比起一對一會更重視平常的溝通管道順暢。如：

「當我需要討論課題或煩惱時，基本上都傾向於自己去問，所以公司強制進行一對一這個政策，我真的覺得有夠麻煩的。」（二十多歲，女性）

「明明平常就沒怎麼在溝通，還安排要進行一對一來因應這種困境……。結果最重要的還是平日對話的積累啊！」（三十多歲，男性）

正如他們回答的：「不需要。」這類案例裡的一對一確實只是壓迫到工作時間。如果日常就能夠做好溝通的話，把一對一取消掉好像也無妨。

T3〈理性傾向〉「覺得能發揮溝通業務的功能」

這個〈理性傾向〉類型與下一個〈表面傾向〉類型，對於一對一的印象都沒有好壞可言，而是「取決於對象」。可以說是以比較現實的角度在看待問題的。

尤其是這些〈理性傾向〉類型的人，給我的印象大多是——他們很冷靜地在看待一對一。

「我把它切分開來，當成主要用來討論工作困境，或針對課題改善方案等內容的場合。」（三十多歲，男性）

「工作上當然有好事也有壞事，能夠在一對一裡確實地獲得回饋是很重要的。」（三十多歲，男性）

從以下的意見裡，則可以更加深理性主義的印象。

「我覺得這是上司與部下之間，為了就某個問題或主題達成共識，相互磨合的時間。」（三十多歲，男性）

「原本是讓上司與部下互相坦率談話的場合，但實際上，上司卻無法把自己的想法都暴露出來。既然如此，理性地進行就可以了，不用想著要勉強營造出奇怪的親近感。」（三十多歲，男性）

另外，也有如下這類很有意思的想法。這邊說的義務性一對一與自主性一對一，差別似乎就在於——是由公司強制規定的呢？還是由自己或部門內部決定的呢？

「是義務性一對一呢？還是自主性一對一呢？我覺得是很不同的。我自己是把義務一對一當作工作回報溝通場合來運用，所以我想對方（上司）也是以這樣的理解來應對我的。」（二十多歲，男性）

還有，這個〈理性傾向〉類型，以結果來說，全部都是男性。這是巧合嗎？（雖然認為這是個很有意思的論點，但本書不會處理性別差異的相關討論。）

T4〈表面傾向〉「彼此都覺得是被強迫的」

從冷靜這個意義上來說，這些〈表面傾向〉的人們可以說是最厲害的了。先前的〈理性傾向〉的人們，儘管也認為冷靜看待是「必要的」，然而〈表面傾向〉的人們則更偏向於「冷靜地思考過，這無用」的論點。

「就是聽取上司想法的時間啊！就是當我被問起對於一些抽象話題有什麼意見時，總得想辦法做出回應的時間。」（三十多歲，男性）

「這對我來說，是沒什麼意義的措施。我覺得很少有部下表達煩惱或擔憂後獲得改善的情況。既然如此，那我又為什麼要問呢？」（二十多歲，男性）

不少參加一對一的人都覺得，不僅自己，上司也會認為這是在浪費時間吧？關於這點，究竟應該更認真面對呢？還是當成笑話來看？

「開始實施這個措施是還好，但如果沒有話要說，或得要面對自己無能為力的問題時，要填補那段尷尬時刻很麻煩。」（二十多歲，女性）

「雖然對雙方來說都一樣，但如果遇到不怎麼會說話的上司，對話就會卡卡

的，感覺很受限。」（二十多歲，女性）

另外，也有下面這樣的意見。雖然讓我迷惘著不知道是否該從何種意義上來介紹，但總之還是先容我寫在這裡吧！

「明明在昨天以前，叫我的名字還會加上『君』，結果突然改用『先生』*，讓我震驚了一下。啊！我看過一對一書上好像有寫『要平等地對待』之類的內容，於是我就用帶著一點點鼓勵的眼神在看待這件事。」（三十多歲，男性）

T5〈最低限度傾向〉「非做不可的話，也只能做了」

我們的討論終於要談到「不喜歡一對一」這類人的意見了。

* 譯註：日語中「君」於職場上多為資深者對資淺者使用；「先生」（さん）則無這層含義，且更正式，不同年齡層之間均可使用。

接著會出現一些讓上司一方覺得震驚的見解，希望你能用心閱讀。

「由於一對一也會花時間在工作相關進度報告與評價上，所以我理解它有一定程度的必要性，但不知道是不是封閉型場合的關係，上司那邊也說了想要講的話，結果很常出現讓人覺得『那又怎樣？』的情況。我可以理解上司也是人、也會想要喘口氣，但希望可以用別的方式或管道啊！」（三十多歲，男性）

「聽到一對一時我首先想到的，就是『麻煩死了，就沒話要說啊！』上司的目的或許是想找出困擾部下的事情，然而在與上司進行一對一時，會直率地把話說出來的人就很少啊！」（二十多歲、男性）

順帶一提，在認為「只在最低限度、有必要時去做」（超過的部分就不想做）的想法當中，所謂的「最低限度、有必要時」指的是什麼狀況呢？說起來，大概就是像以下這樣子：

「很適合於上司單方面傳達我不想被其他同事知道的話題（業績、升職、調動等）。」（三十多歲，男性）

「由於結婚、生小孩或照護等原因而想要申請長期休假——像這類事情如果周圍有人的話有時很難說出口，此時如果有一對一就很輕鬆了。」（二十多歲，女性）

T6〈迴避傾向〉「希望盡可能不要這樣做」

首先從結論開始說起，屬於這個類型的人在六個類型裡是最多的。對於一邊擔憂著，仍為了「要想辦法替年輕人創造出更好的一對一機制」而苦思不已的人來說，或許會覺得震驚也說不定。

由於人數上比較多，這個類型又更進一步地分成了兩種小類。

第一種是認為一對一這樣的機制本身就是一種浪費，對當事人而言也毫無意義的。例如：

「現場的氛圍不至於讓我不想談論自己的職業經歷，但因為我傾向於維持現況，所以不覺得自己會去談論這些。既然如此，我更想把這個時段用在工作上，減少加班的時間。」（二十多歲，女性）

「感覺像是個突擊測驗，看看我能否毫無差錯地給出上司所要的答案或反應。事實上，就算上司說『這項工作如何？』、『想要做些什麼？』、『那下次就試著做這個看看吧！』我怎麼可能傻呼呼地老實回答『我不適合這項工作』、『沒什麼特別想做的』、『如果可以的話，我不想做』啊！」（二十多歲，女性）

對於這種類型的年輕人來說，很明顯地已把「擁有夢與希望的年輕人，與為此而伴隨著的上司」這種刻板印象，濃縮到一對一機制當中，並對此抱持著厭惡感。

這種結構，也迫使年輕人們要有職業思維與自我成長，結果就出現了以下這樣的意見：

「雖然是在談論幫我回想起現況做得不好的部分以及其原因，但是我對於連解決方案都說不出來的自己感到厭惡，來自上司的建議都是正確的，但我就是覺得討厭。」（二十多歲，女性）

「因為這段時間必須面對自己的弱點與覺得棘手的部分，所以會感覺到痛苦。就算這樣也不會出現有效的解決方法，既然如此，那還有什麼意義呢？雖然說了『首先，能認知到（自己的弱點）很重要』，但我希望能更具體地跟我說明，到底有多重要。」（二十多歲，男性）

接著，〈迴避傾向〉的另一種類型就是，認為一對一可怕到不行的類型。如：

「讓我這種個性（內向、容易緊張、會以笑來掩飾）的人來一對一，是不可能在這段時間裡獲得什麼充實感的。」（二十多歲，女性）

「就我個人而言，當被叫到小房間裡跟上司談話這種情況發生時，就會感覺

很不自在、話也談不太起來。」（二十多歲，女性）

「雖然這只是一種感覺，但我覺得同期同事裡有一半左右都不太想參加。」（二十多歲，女性）

「聽到時就只覺得恐怖。」（二十多歲，女性）

「以前，曾經鼓起勇氣稍微說了點真心話，結果被一句『我跟你差不多大的時候更辛苦啊！沒問題的』給打發掉了。這讓我學到，就算我說了也只會被說服。從那之後，就連用討好的笑容來填補空白，都讓我覺得很麻煩。」（二十多歲，女性）

另一方面，認為「一對一恐怖到不行」這樣的印象，也有並非出自經驗獲得的情感，而是當事人特質秉性所引致的結果。

對於這樣的年輕人們來說，「與上級對話本身就很恐怖」；同時，有著強烈的「對於對方很抱歉」的心情，也是其特徵之一。

「都分出時間給我了，我覺得不能就這樣拖太久。」（二十多歲，女性）

「即便有些許覺得困擾的事，但我會想——這有到要跟上司說的程度嗎？討論這個會不會給對方添麻煩呢？」（二十多歲，男性）

接下來，我想要開始討論：「應該要怎麼做才好呢？」但在這之前，先來回顧並未被納入至今六種類型裡的少數派意見吧！這部分真的很有意思，請務必看看。

補充篇之一〈當成進修的一對一活用法〉

把一對一當成進修來活用——或許已經有很多人感受到這個用處了。一對一本身，就可以做為年輕人進修的場合。

尤其是把年輕一輩相互搭配的指導制度，請參照以下意見，務必加以有效利用。

「我剛畢業進公司時，與當時的指導者（入公司第二、三年的前輩）進行的

一對一，每週曾高達三次之多，我很慶幸當時想知道的事情都能在那段時間裡聽到。」（二十多歲，男性）

「最近遇到的前輩能夠理解我『不清楚自己可能不懂什麼』的狀態，讓我很安心。」（二十多歲，女性）

刺激與學習的機會

另外，在自己成了前輩、要對新人進行指導時也是，各種意義上來說，都充滿了刺激與學習的機會。

「就職第二、三年時，每天都要與新進人員進行二十分鐘的一對一，這成了讓我能夠回想起初衷的好機會。」（二十多歲，男性）

「雖然是我自己成了指導者以後才瞭解的，但其實我只是希望能夠幫上新進同事而已，不曾覺得這很麻煩。前輩應該也是以這樣的心情在做的吧！」（二十多歲，女性）

「前輩當初跟我說過的話的意思，我直到也成了前輩之後才第一次瞭解。然而，由於當時的我無法理解，所以在我成為了負責告知的那一方後，便希望多下點功夫來傳達給對方。」（二十多歲，男性）

以上無論哪一則，都是很好的意見，看了會讓人很想盡快引進吧？

然而請留意，工作內容的調整或成員的組合等事項，設定難度都相當地高。而且最重要的是，這將會考驗接受「只由年輕人培育出來的溝通能力」的決心與氣度。

補充篇之二〈因經驗而改變類型〉

因為這也是少數意見所以收在補充篇裡，但還是希望各位都能看看（這是我最喜歡的評論）。

這裡最想要表達的，就是到目前為止所說明過的六種類型，其屬性是會改變的。

接著便來介紹，因為積累了職場經歷，而想法改變了的人的故事吧！

取得錄取通知～成為社會人士第一年：有強烈警戒心（T6〈迴避傾向〉）

在這個時期，我不太知道自己應該要做些什麼，而且認為上司或前輩會有問題的答案。雖說如此，還是沒人告訴我答案，讓我稍微有些焦躁與困惑。

設定一對一的那一方可能是打算進行些輕鬆的溝通，但他們已經做了相當的準備。平常我只是一大群新人當中的一個，談話的內容卻突然地聚焦在我個人身上。在不知道該說些什麼好的同時，也擔心是否會在談話中顯露出自身的淺薄，想到這個就覺得很緊張。

總之雖然還是做出了積極的發言，但內心裡卻強烈希望對方不要對我有太過度的期待。

「現在想起來，自己周圍彷彿有著某種大型的潮流，如果不能看透的話就會出錯。」回顧訪談當時，我對於這句評論有著很深的印象。**出錯＝低於平均水準，這樣的恐懼感可以說就是現今年輕人們的象徵性情感之一。**

成為社會人士第二年起：開始擁有自我（T1〈積極傾向〉）

在重複進行一對一的過程中，我漸漸地開始瞭解，原來上司與前輩並沒有給出答案，只是和我們一起在探尋。

從那之後，我就把它當成向希望能傳達到的對象表達自身煩惱，並獲取回饋的場合來運用。從結果來說，由於可能性與課題變得更明確了，所以基本上現在的一對一有助於提升幹勁。

特別是，自己可以要求對方撥出時間來——從這點就更能實際感覺到這個場合是為我而設的。

這段意見裡我印象最深的一點，就是最後一句「越是由自己提出的請求，效果就越大」。

這位回答者也提出了「相反地，當我覺得不需要時，就會清楚地表達出『現在不需要』」這樣的意見，看來就像是在實踐「一對一是為了年輕人而創造的」這項基本原則。

看到這邊你可能會覺得，不是說如果過於展露出自主性就會被過度期待嗎？不是很害怕這樣的事情嗎？接下來我們就直接來面對這個問題吧！

回答如下：

我曾經鼓起勇氣，把「期望過高會讓我覺得困擾」這一點清楚地講出來過。現在想起來，或許傷到了上司吧！但從結果來說反而更沒有距離感了。雖然說是這樣，但現在還是被期待著就是了（笑）。

相反地，比起以前，現在（在說了這句話之後）的我更常去思考自己能夠做些什麼。

與三種類型年輕人的一對一：應有認識與應對方法

接下來，想要再深入點談論對於一對一抱有強烈負面印象、認為不需要的T4〈表面傾向〉，以及T6〈迴避傾向〉這二類型人物的心理。

另外，對於一對一最有好感、在工作上也很積極的類型T1〈積極傾向〉，實際上也存在著很大的課題。

那個課題就是**離職**。這種類型的人（被說是此類型、公司或上司認為是此類型的例子皆算），乾脆離職的例子多到說不完。

這種類型的離職，對還留下來的一方來說可能會造成很大的傷害。

所以，也來深入理解這種〈積極傾向〉，並試著找出應對方式吧！

T1〈積極傾向〉的深層心理「這是好機會，能說些平常不能說的話」

在許多企業裡，把一對一的目的設定成要共享平時很難說出口的事情。關於這一點，〈積極傾向〉的年輕人們，非常直率地接納了被設定出來的這個目的。

他們對於一對一，主要是這樣看的——

- **上司或前輩會給予忠告，是能讓自身成長的場合。**
- **展現想要做的事情（新案件或部門調動等）的場合。**
- **能跟上司或前輩加深交情的場合。**
- **發洩困擾或不滿的場合。**

與這類型部下之間的對話，肯定會很愉快，時間也是一下就超過了吧！

不過，請記住，這也不全都是好事。這一點會表現在最後的「發洩困擾或不滿的場合」上。

以「今天不管對我說什麼都沒關係喔」的態度進行面談，並且直率地接受、讓人感覺很好的年輕人，就是這樣的類型。

他們或許很快就會提及自己工作或所屬部門上的課題。對於〈積極傾向〉的年輕人來說，基於建議進行的日常成長，是工作上的重要要素之一。

正因如此，他們最喜歡的就是指導與建議了。難以理解的建議也好，嚴酷的忠告也罷，他們都會大量吸收並且成長。

換句話說，他們很能分辨所吸收的內容之好壞。

說得更直接的話就是——**當每天面對挑戰，也會培養出對人的觀察力**。

如果那些課題，身為上司或前輩的你，都能夠立即提示出解決方法，那便不成問題。假使你的建議能夠引起〈積極傾向〉年輕人的內心共鳴，那你身為上司的評價也會更加提升吧！

提案：身為上司、前輩「能做到的行動」

然而，能那樣適當提出建議的案例卻很罕見，為什麼呢？

對方是喜歡課題的潛力股。而那些是年輕人正面對著，自己無法找出解決方法，但已經做好準備要在一對一時提出來的課題。可以說，這絕對是很困難的。

以一對一的通常模式來說，雖然會「嗯嗯，原來是這樣」地聽取年輕人的煩惱，但內心覺得「這種事情跟我說也沒用啊」的課題肯定也很多。

那麼，該怎麼辦才好呢？

暫時先把這項課題給放著吧！因為聽對方說話也是很重要的，所以要充分地做好這項工作。這麼做是沒問題的。

但如此對應後，會如何呢？

由於他們是開放、直率的〈積極傾向〉年輕人，所以會對你投以「那場面談究竟是怎麼回事」的懷疑目光。不過上司也是很忙碌的，還是再稍等一陣子看看吧？都已經這麼明白地傳達過了，應該不會完全被忽視才對（畢竟如果我自己是上司的話，絕對不會放著不管的）。

就算如此，假使一週、兩週過後都沒有反應，情況會怎樣呢？

在某些情況下，部下便會給你貼上「讓人失望」、「無能」的標籤。

這裡暫且先做個整理。

與這種類型的年輕人的面談，感覺愉快也頗有成效；但同時，這也將是直接考驗你身為上司或前輩實力的場合。

所以我想，在閱讀本書的上司或前輩裡，肯定有部分的人會覺得這種〈積極傾向〉的年輕人很可怕吧？（我在先前的T1〈積極傾向〉的解說中有寫過「這一段會成為重點，請先記住」，還記得嗎？）

尤其是那些覺得自己可能得了「好上司症候群」，而非「好孩子症候群」的上司前輩們，更是如此。

「有這樣的部下很辛苦啊！我可不想要！」可以想像會如此。因為或許，自己已經被貼上了「讓人失望的上司」標籤也說不定啊！

在此，我有一個建議。

當你從有活力的部下那邊接收到了討論，即使內容看來似乎無法立即解決，也請絕對不要置之不理。

絕對不要想笑著蒙混過去，也別想要敷衍欺騙。你應該去做如今的你所能辦到的事情。

盡力去做，即便無法立即改善，也要告訴部下你做了什麼樣的事情。

總之就是誠實地說，絕對不要守著那些微不足道的尊嚴，或是故作姿態。

在這種情形下，你們要另外安排時間來談話。並且承諾對方，這件事的後續就交給自己來負責，而你會盡力去處理。

此時，你或許會這樣想：

「以現實來說，明明什麼都沒有改善，這樣做有意義嗎？」

「不會被認為是讓人失望，或是滿口空話的麻煩上司嗎？」

我很能理解這樣的感覺。

然而，如果你能夠照著我的提議，告知部下你做了些什麼事情的話，那就不需要擔心了。

那項「所能做到限度內的行動」，肯定一〇〇%會是他們所想要的。

相反地，如果不按照這個提議，而只想繼續守護多餘的尊嚴、用奇怪的藉口來欺騙部下，那肯定會被看穿的。

屆時，不僅「無能」這張標籤，肯定還會再追加一張都快把它蓋過了的「好遜」標籤。

來做個總結吧！與〈積極傾向〉年輕人的面談，是對於你身為上司或前輩，甚至為人器量的測試。

T4 〈表面傾向〉的深層心理「就工作啊，就像上司給的工作定額」

「這個世界說穿了，就是場騙子遊戲。」

有位學生這樣跟我說。

他真正的意思並不是「總之這個世界就是騙來騙去」（不，或許真的是這樣，至少我所接收到的意思好像是這樣），而是指「大家都表現得與真正的自我完全不同，都在扮演著其他人而活」。

如果，扮演自己即所謂「真實」的話，那就確實是「這個世界說穿了，就是場騙子遊戲」了。

這種認為「這個世界說穿了，就是場騙子遊戲」的年輕人們，是這個樣子看待一對一的——

- **上司關心部下的場合。**
- **上司提振部下動力的場合。**
- **上司探尋部下問題的場合。**
- **上司試著讓部下站在他那邊的場合。**

總之可以說都是很冷酷的印象，不出所料地還真的是把這世界給轉換成騙子遊戲了啊！

他們對於一對一抱持著「由於是上司們交代的工作，彼此都沒得選擇，只能去做了吧」這樣的態度。

上司這個職務需要關心部下，也必須要進行動機管理。如果部下有問題，就必須要表現出願意協助解決的態度——我是這樣理解的。

如果他們能夠讓這種冷酷的態度更容易被理解的話，或許當上司會變得更容易也說不定。然而，在多數的情況裡並非如此。

這是我一直以來的主張——現在的年輕人的演技真的非常好，甚至可以說是壓倒性地好。

即便在一對一的場合裡，他們也能展露出「今天請容我直率地說吧」這樣的感覺，多數前輩們都會上這個當。這一點，從與上司或前輩「可以在一對一上談得很不錯」的這句話，就體現了出來。

在傾聽１０１的調查當中，有年輕人表示：「對我來說的一對一，就像是某種誘導詢問的會議。」

雖然也有閒聊等各式各樣的互動，但最終來說感覺仍像是逼不得已地對「上司想要讓我去做的事情」，答應說「我會去做」的場合。

這就是為何他們會試著迴避認為自己做不到或不想做的事情，並且絞盡腦汁想要找出上司也能夠接受的妥協方式。

提案：首先從自己「放下武器」開始

接下來是我對於要怎麼跟這樣的他們進行接觸，所給出的提案。

首先請理解，年輕人內心並沒有「欺騙」這種惡意存在。而是認為「因為一對一就是那樣的場合，所以要把專用開關給按下」。

我把這個稱為「範本」。現今年輕人的溝通能力強（特別是在天真的心理領域），擁有著許多的範本。

然而這個，是為了過圓滑且平穩的社會生活的他們，所需要的自我防護裝備。

因為他們自己是這樣子，所以會認為上司們肯定也有著「上司專用的範本」。強烈一點的說法就是，「跟我說的話背後還有些什麼」這樣的想法。

這些人自己便是公司組織所僱用的「人才」這種構成要素，而一對一則是被稱為「促進部下成長」、「共享部下課題」的場合。

因此，上司得要在部下出問題前就事先察覺，也要根據之後的情況來讓部下站在自己這一邊——我認為或許存在著這樣的目標。

為了避免被誤解，請容我重複一下，這類型的人並非把上司或公司這類存在當成是「惡」來應對。他們只是冷靜地接受了有公司這種組織存在，並且自己在其中也有著必須擔任的角色。在此前提下，為了安穩地過日子，於是用自己的方式來武裝自己罷了。

如果你希望這類型的人可以「更坦誠地說話」或是「更主動地努力」，那可是相當困難的。希望你知道這會花上非常多的時間。

所以我的提案是這樣的。

首先從解除你的武器開始吧！

解除你的武器也就是說，用「因為接下來的面談對象是他（她），盡量這樣做……」這樣的感覺，除非必要，別進入上司的狀態。

簡單來說，就是開誠布公、誠實地談話。

對話中若隱藏著什麼意圖，或是態度前後矛盾，那肯定是會被看穿的。

一旦對方心裡「我不會被這個人操控」的想法變得牢固，就只會拿出更紮實的範本演技來回應你了吧！

這種情況其實也可以說是種安定的關係，如果這樣就足以推動工作的話，我覺得就算這樣也沒關係。反而應該說，彼此好不容易建造出來的城牆，還是別弄壞比較好（我是真的這樣想才寫下的）。

事實上，這個放下武器的提案，是非常困難的（容我再說一次，這將會非常地花時間）。

其理由主要有兩個。

第一個理由是，你是有著多數部下的上司。光這樣你肯定已經有著各式各樣的牽連了吧？如果要拿出坦率的態度來面對所有的部下或相關人士，很可能將會無法繼續推行至今為止的工作吧！（我想總是會存在「對一方要這樣說，對另一方得那樣說」的情況。怎麼說我也是構成日本社會的一分子啊！）

第二個理由是，你甚至不知道自己的真正想法在哪裡。

這或許可以說是有著太多牽連所帶來的結果。過去的一段時間裡你可能每天早上都要刻意武裝自己，不知從何時起，這已經跟你的皮膚化為一體了；現在反而變得不知道該如何才能夠除下這層裝備。

雖然重複了之前的說法，但我想強調如果這種情況帶來了穩定的職場環境，也沒有造成什麼大問題，那麼尊重這份穩定，也是一個很重要的選擇。

相反地，如果這種強烈的穩定感似乎會成為未來的阻礙因素時，應該怎麼辦呢？

雖然我說了「首先從放下你的武器開始」不容易做得到；但另一方面，部下或後輩也正使用著你不想看到的範本在當作武器。如果對於他們覺得很抱歉，想要改變這樣的自己，那該怎麼做呢？

此時，可以考慮我的下一個提案「在一對一時承認那些事」。

這裡所說的「那些事」，就是指「自己不知不覺當中，穿上了上司專用防禦裝備，即使想要剝下來，也做不到」這件事。

明明一旦離開了公司，就只是個普通的大叔、阿姨、大哥、大姐，但還是不禁會去想，當上司究竟該怎麼樣呢？

如果把這些話說給〈表面傾向〉的年輕人聽，會如何呢？

會產生什麼戲劇性的變化嗎？

「我瞭解了，這也沒辦法啊！請加油吧！」

或許會這樣說吧？說不定，還可能會送巧克力給你。

你或許會認為：都這麼努力地自爆內心話了，只拿到一個巧克力當獎品？但我卻認為這是很大的進步（這就是為什麼要花上非常多的時間）。

T6〈迴避傾向〉的深層心理「不就是讓人無法逃避、探問用的場合嗎？」

這是最後一部分的詳細深層心理解說了。擔任最後一棒的，當然就是有著〈迴避傾向〉的人們了。

先前的〈表面傾向〉已經算是相當麻煩的了，但〈迴避傾向〉還要再更上一層。

他們對於一對一的印象與評價如下——

- **上司心裡確定對於我的（角色）評價的場合。**
- **應該充分「預習」後參加的場合。**
- **展現我有多忙碌的場合。**
- **展現努力工作態度的場合。**
- **調整期待程度的場合。**

這種類型的人，是有「好孩子症候群」比例最高的一群。

他們的基本行為原則與心理特徵，可以說就是我到目前為止所提倡的「好孩子症候群的年輕人們」。

他們的迴避動機很強烈，言行舉止也都帶著防備感。

對他們來說，個別面談簡單來講，就是上司評價他們的場合。必須要避免被認為是無能的傢伙，或是派不上用場的人。

雖說如此，他們也覺得被認定為「有自覺」的人，很麻煩。如果因此而被留意到了，那下次可不知道會有什麼樣的重要工作被派給自己呢！

他們鎖定的目標，就是**「平均值」**。不上不下、不出風頭，待在中間就好，這樣做是最安穩的了。

〈迴避傾向〉的年輕人們，為了能夠達成這個「目標」，會進行充分的「預習」。

他們總是在思考著——對於年輕人的發言，上司或前輩會有什麼樣的反應？而以這個為基礎自己應該如何行動才正確？乃至應該能讓上司們高興的言語、舉止、態度等等，全部都是他們預習的項目。

那麼，他們是如何預習的呢？

是否有什麼順序或方法呢？

關於這一點，不可能有什麼確定的規則，但某種程度上，觀察上司們並做出一些假設，是有可能辨得到的。

上司對於同期同事所說的話，有什麼樣的反應？上司對於拒絕其請求的部下，態度是否產生了變化？

他們透過分析所收集到的諸如此類資料，來保護自己。他們會修正自己的發言、舉動及態度，以避免被認為是沒幹勁的傢伙；同時，也避免被認為是有幹勁的傢伙。

而這個，只要活用他們至今為止被培養出來的經驗就很完美了。舉例來說，就是那些看起來很自主性的行動，就如同當初在學校生活裡也學過的、看起來很像好學生的行動。

接著，只需要依照當天的案件情況，稍微修改一下應對方式即可。

例如，當上司想要追加工作之時，必須要能看穿，他是知道不可能卻還是想提看看（也就是說有拒絕的空間）？還是已認為自己一定會答應而提出的呢（也就是說是強制性的）？

如果，是明知不行還提出請求，那展現出想做的樣子但同時拒絕就是很重要的了。一般來說，像「現在有點……任務多到有點困難啊」這樣說，然後等待上司以「果然是這樣啊……」來回應就行了。

如果這個請求是基於「會被同意」才提出的，那重要的就是要一邊表現出工作很艱難、一邊勉勉強強地答應。在這樣的場景當中，首先以「現在的任務怎麼樣了？」這樣的感覺引起關注，接著最好能夠把話頭帶到：「已經排得很滿了，估計只能再來一、兩個左右……。」

提案：理解年輕人，但不試著改變他們

覺得如何呢？希望各位已能夠理解這到底有多難了。

接下來，是我對於要與這樣的他們接觸的你，所給出的提案。

總之最重要的就是，**理解這種好孩子症候群的心理**。

並且，**絕對不要試著去改變**這樣的心態。

雖然看在上司的眼中，是個會讓人替他著急的年輕人。然而，即便你想要去改變他，也於事無補——或者該說越是想要改變他，就越會遇到安靜的反抗。

所以，總之就請先努力去理解吧！

即便是這樣膽小又有強烈迴避動機的年輕人，也有他們能做的事情，要協助他們逐漸理解到自己也能夠對公司及社會做出充分貢獻。

此處重點在於，請注意絕對不要做得太過度了。「期待」可是〈迴避傾向〉的年輕人的三大惡夢之一（其餘兩個，再找時間談）。

認為「夢想、目標或期待越大，年輕人就越有動力」的人，希望你們更要把這個重點深深地牢記在心裡。

當那項工作對於公司來說越重要、對於社會的貢獻程度越大，〈迴避傾向〉的年輕人就越會感到「壓力」。

這裡還想再說明另一個重點。

那就是——**即便你把某個專案交給他們處理，該案的負責人依然是你。**請在理解這一點的前提上，好好地從旁協助進行。

即使他們在某些事情上遭遇問題或失敗了，也請不要慌張、不要試著掩飾。要告訴他們，這個絆腳石是多麼地微小、不會有任何問題。

接下來立刻進行回復的工作。

讓他們以這個回復的過程當成教材，學習即便摔倒了也不會受重傷的方法。

Part 2

為什麼年輕人突然辭職了？

覺得「是一對一的話應該會說」，
明明打算想要瞭解年輕人，
但職場上年輕人的真實想法跟所預想的相差很大……。
應該有不少讀者都有過這樣的震驚吧？
現在職場上的年輕人究竟在想些什麼呢？
在第二部分裡，會討論使用離職代理服務的年輕職員、
在黑心企業甚至連良心企業裡也有的感覺不安的年輕人們，
並與來自美國的「安靜離職」做比較；還有理想的上司形象、
希望別人告知正確做法的態度等等，從多方角度，
讓大家對於如今的年輕人形象能夠看得更清楚。
我希望能夠給那些苦思如何
與年輕職員溝通的經營階層或上司前輩、
負責招聘或進修工作的人事部門職員們，
一個在遇到各種問題時該如何思考或轉為行動的契機，
若能做到就再好不過了。

第五章

使用離職代理服務的年輕人們

Q：至今為止曾遇過意外（沒有預想到）的年輕人辭職？

資料來源：作者「101ヒアリング：人事担当者編」

N=38

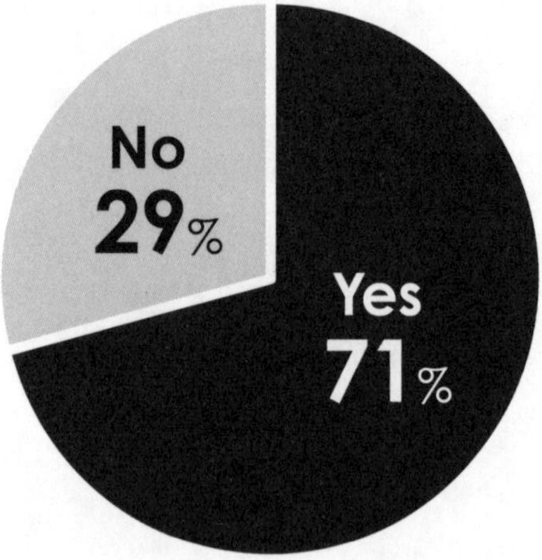

為什麼，年輕人什麼都沒說就離職？

請各位回想，在序章裡介紹過的「完全沒有談過就辭職的年輕人」。我說過自己大概從去年開始就很頻繁地聽到了這樣的事情，而事實上在我所進行的「傾聽101」裡，也有大約七〇%的人事業務負責人，曾經遭遇過「意外的年輕人離職」。

對於人事部門來說，這些都是花費了長時間與成本、好不容易招收到的寶貴人才。從管理階層或指導者的角度來看，則是在忙碌日常工作的同時，辛苦培育出來的可愛部下。

像那樣的年輕人，竟然連招呼都沒打一聲就辭職走了——我可以充分地體會這樣的心情。

「明明都已經特地設置好一對一的場合了，如果有什麼不滿的話，為什麼不在那個時候說呢？」

問題就在這裡。如果連在一對一時都不會表露真實想法，那之後也沒辦法採取什麼對策了。

為什麼，年輕人會避免表露出真實想法呢？

來自所期待職員的辭職悲劇

這是我從某大型製造商的開發部長那邊聽來的故事。

或許有點曲折，但至今為止他們一直是間業績穩定的公司。

當我實際上這樣說時，那位開發部長笑著說：「哪裡哪裡，只是看起來這樣而已，我們公司也發生了不少事呢！但說不上充滿曲折就是了。」

雖然是自謙，但光是看起來很穩定就已經夠厲害了。從能夠笑著回應我，也可以感受到還有一些餘裕。

他們近年來的新進人員程度很高，也能夠證明這一點。

當我實際上這樣說時，那位開發部長又笑了：「哈哈，真的是這樣喔！如果現在我跟他們一起接受招聘考試的話，我絕對會落榜的。」

這次看起來好像也是自謙，但這其實是他的真實想法（如果我的非語言溝通能力沒有出問題的話）。

實際上問了年輕職員們的學歷，幾乎都是舊帝國大學或東京工業大學的碩士以上。以這樣的狀態來說，算不上「有年輕人才方面的困擾」吧？（其他公司的人會生氣喔！）

雖然我這樣想，但詳細問了之後，發現問題的確很深刻。

具體來說，似乎是有著這樣的事情——

該公司男性職員的比例較多，尤其在開發部門裡女性更是壓倒性地少，所以為了讓女性研究開發人員未來也能活躍起來，增加了女性的招聘人數，同時花時間進行了女性職員們的職涯規劃與相關檢討。

該項檢討結果，也都立即回饋給了當事者們。

開發部門採取的方針，簡單來說如下：

有鑑於近來的創新環境，即便是研究開發人員，也不能一直都待在實驗室裡。必須要在離顧客更近的地方累積知識與經驗，而這也將會成為新研究開發的提示。能把握住「及早將從提示當中誕生的創意呈現給顧客」的機會，對於開發者來說是極為重要的事情。

為此，女性研究開發人員們，將與業務或企劃部門的同事們組成小組來參加專案，以期能夠頻繁地前往顧客處進行訪問。

當然，這項方針不限於國內。公司的營業額有五〇%以上都在國外。提高國際競爭力，要說是開發部門的使命也不為過，這是個人才需要多樣化的時代。

對於這些女性們，也希望她們務必能夠擁有多元化管理及領導的能力。

乍看之下，我覺得是很棒的方案。明年請務必也聘僱我的學生、盡量鍛鍊他們吧！如果需要推薦信函，幾封我都會寫。然後等學生哪天事業成功時，再來開場慶祝的甜點派對吧！

如果我認真考慮過這樣的事情，故事就不會在這裡結束了。

那項計劃的實際推動，是先從四位女性職員開始投入的。

具體來說的流程是——先讓她們暫時隸屬於開發部門，以六～十二個月為單位，到企劃部門或業務部門獲取經驗，接著再次回到開發部門、推動跨部門的專案。

看起來，不覺得真的很棒嗎？

我以前就認識這位開發部長，他腦筋動得很快，是位真的讓人尊敬的優秀人士。不僅技術開發專長，他也有管理才能。

我還想，現在就得開始做甜點派對的準備才行了。

但是，壞消息突然降臨。

這四個人當中很快有兩位陸續地提出了辭呈。而且，其中一位還使用了離職代理服務。

部長與她們之間，一直都有著充分的溝通。這項計劃，應該是她們本身也能接受的才對啊！

她們唯一顯得有些為難的，就是最長達到十二個月的工作輪替了。實際上，雖說是面有難色，但似乎卻也只回以簡單的提問。當時，他們也曾經就「①不管怎樣都能以進修的名義，頻繁進出開發部門；②進修結束後，必定會回到開發部門」以上兩點，鄭重地做過說明。

開發部長真的感到十分震驚。或者應該說，更像是覺得混亂。

「在哪裡出錯了呢？完全搞不懂！」他這句話留給我極為深刻的印象。

高自覺的人們創造出的計劃陷阱

說實話，這段故事只有一個地方讓我很在意。

如同我多次說過的，他們推出的這項計劃真的很有魅力。只要經過如此歷練，在公司內部肯定會成為核心人才。

從「女性活躍」這個觀點來觀察也是如此，很可能會出現新的領導者，以及優秀的榜樣。

這位開發部長真的是很優秀的人，責任感也很強。從我認識他以來，他一直都是帶著高度自覺在推動工作。他對這些女性職員說過的話，肯定會負起責任來執行的。

那麼，各位讀者已經知道我在意的是哪一點了嗎？

那就是——這個計劃是由有高度自覺的人，為了有高度自覺的人所創造出來的。

該計劃的規劃團隊，對於辭職離開的這些女性職員們的氣質與個性，究竟掌握到什麼樣的程度呢？

推出的這個項目，（對於該公司來說）是至今為止未曾有過的挑戰性措施。開發部長的自覺性也很高。在我研究室裡的女學生之中，也有許多自覺性高的學生，我覺得肯定會合得來。

然而，那四位（特別是辭職了的那兩位）的情況又是如何呢？

身為研究創新領域人才的研究者——換言之，正因為我是站在客觀對企業人才培育進行觀察的立場，所以更能夠明白。

如今，在企業內部所推動的許多新計劃或項目，都是由自覺性高的人所創建出來的。

總的來說，日本企業是很封閉的。在其中要推行新的項目，會需要很大的能量。能做到這些的，只有一部分擁有高度自覺的職員或是管理階層而已。

這些項目的細節不但經過仔細設計，為了不在過程中出問題，甚至還設置了多層次的安全機制。

然而在我的觀察裡，會來應徵該項目的，只有（現存大型公司）全體社員的一〇～二〇％左右，再怎麼多也不過約二五％。而且，每次來應徵的大概都是同樣的那些人。

如果出現了應徵者比這還多的情況，若非該項目並沒有那麼有挑戰性，就可能是發生在根本不需要本書意見的一小部分先進公司或連鎖企業裡。

使用「辭職代理服務」的三個好處

拿起本書的各位，是否都已經知道了日本辭職代理服務業者所提供的服務內容呢？首先來做個簡單的確認吧！

所謂的辭職代理服務是指，在從業人員依自己的意思（並非被解僱）想要辭職時，提供「代為做出相關通知或書面文件等一連串手續」的服務。

原本自己來做就可以的手續，之所以要特地付錢來請人代做，其目的大致可以分成兩個——

①覺得麻煩，想請人代為處理繁雜的辭職手續。

②想要順利且圓滿地辭職。

關於①的部分，可以說是所有「代理服務」的共通目的，也很容易想像。代替忙碌的人進行作業，典型的例子還有：家事代行服務與嬰兒保姆等。

從經營學的視角來看，原本這樣的外包服務，就是經濟成長的源頭之一。「請某人來幫忙原本自己該做的事情」這個行為，也可以說就是工作（特別是服務業）的定義。外食產業（餐飲）、交通機構（運輸）、保健醫療（治療或照護）等也是，可說是不勝枚舉。

若要我從創新理論的研究者角度，來預測下一個即將要流行起來的外包工作，便會關係到下一個創新究竟是什麼。例如：生成式ＡＩ是否將會代替人們進行什麼樣的活動呢……？

話題扯遠了（這是研究者的壞習慣），回到正題吧！

剛剛將辭職代理服務的目的，整理出了①與②兩種，但實際上，要說②的「想要順利且圓滿地辭職」，幾乎是年輕人需求的全部也並不為過。

現今的辭職代理服務，實際上是代理了怎麼樣的行為呢？

依代理業者不同，服務的細節上也會有差異，但主要可以整理如下——

①準備及製作辭職所需要的書面文件

幫忙準備及製作辭職申請書或相關文件。這項作業本身並沒有太大的負擔。

②聯絡及轉達給工作單位或雇主

如同字面所述，會代為將你的辭職意思通知工作單位的人事部門等處。之後，通常都需要進行多次交流，所以印象裡許多年輕人都對此感到有壓力。

③協助法律上的手續

許多人也覺得這部分很有幫助。業者會針對勞動法規或相關法律需遵守的程序，提供確認與協助。例如：適合的離職日、薪水或加班費精算、社會保險或年金的承接等等都屬這部分。伴隨著辭職而來的保密契約等也包含在內。

在這當中，對於③的需求是不難想像的。辭掉了工作之後，為了遵守伴隨而來的法律要件，必須要有正確的知識及程序。

特別是被稱為黑心企業的工作單位，常會以曖昧的法律論述來讓人難以辭職。這樣的糾紛也屢見不顯。這種情況下，辭職代理服務或許就已經很接近法律諮詢了。

然而，若要從「需求」的意義上來說的話，②的地位可是壓倒性的。

辭職的過程，不論何時、不管是誰，都會遇到一定的壓力。除了得提告工作單位的情況以外，一般都會盡可能地希望可以圓滿地辭職。特別是，告知相關人士的過程要用心、保持單純地進行。

最重要的是，越來越多的年輕人都覺得，比起想像自己會遇到什麼樣的反應，更寧願付點錢來請人幫忙處理。

辭職代理服務受到年輕人歡迎的理由

從現在年輕人的立場來看，這樣子的壓力成本正在年年升高。這種成本，已經遠遠凌駕於支付給辭職代理服務業者的費用，所以這也成了辭職代理服務能受到歡迎的原因。

現在的年輕人，傾向於厭惡因外部因素造成自身情感的起伏。

對於有這種特質的年輕人來說，當「如果說想辭職的話，會被很強力地挽留喔」這樣的風聲進入耳朵裡時，壓力就已經滿載了。絕對不會再由自己來說出口。

相反地，為什麼要讓毫無關係的人介入其中呢？簡單來說這也是現今年輕人的特徵之一。

舉個例子，我自己就曾經發生過這樣一件事——

新冠疫情發生後沒多久，許多大學都被迫運用網路來做出對應。我也摸索著以線上課程的方式來授課，所以對學生們表示：「如果有什麼不足的地方，隨時告訴我。」、「寫在聊天室裡面也可以喔！」展現出了我一貫以來神一般的應對（容我自誇一下。）

結果，幾乎沒有人報告任何不足或希望改進之處，我的內心不禁想著：「真不愧是金間老師，獲勝了！」（純粹自信過度。）

在這之後，大學事務單位針對所有學生，就線上課程進行了問卷調查。結果，對於我的授課（雖然還不到覺得有不足的程度），寫滿了一堆希望我這樣做、那樣做的內容不是嗎？（真是自作自受啊！）

這讓我稍微被震驚到了。連工作相對較為輕鬆的我都感受到了震驚，那在企業裡工作的上司或前輩們，面對辭職這樣的景象時，所受到的震撼更是難以估計。

「如果想這樣的話，正常地說出來就好了啊！」即使如此，現在這些有好孩子症候群的年輕人們，也是沒辦法正常地說出來的。

當面傳達自己想辭職的意願——光是想像這件事情本身，就已經讓很多人處於高壓力狀態了。

即便沒有被強力慰留，但必定會詢問原因吧？此時，光是思考該怎麼回答才對，就已經夠讓他們煩惱了。

當然，不可能老老實實地回答。雖說如此，撒個很明顯的謊也不太好吧？並不是因為覺得很對不起對方，而是想要避免日後情況變得更複雜的可能性。

那麼，就在網路上找找看，有沒有能當成參考的案例吧？

於是，輸入「辭職」時，日本網站上的預測字詞功能跳出了「辭職代理」這個結果——那就決定用這個吧！

在這種心情的流轉當中，還有餘力去顧及上司或前輩的心情嗎？

逐漸普遍的年輕一輩指導者制度

曾在序章裡介紹過的年輕一輩間的指導者制度，似乎已經被相當多的日本企業給採用了。至少在我學生們所任職的眾多企業裡，已經被使用了。

使用的方法各式各樣，但也可以看出一定的共通處——

- **由年輕職員擔任新人的指導者。極端情況下，甚至有進公司第二年的職員擔任第一年職員指導者的案例。**
- **以頻率高、時間短的一對一形式來進行。所聽過的最高頻率是每天。**
- **談話內容基本上交由當事人們自行決定。指導者尤其被期待能夠以自身經驗為主來提供建議。**
- **指導者與被指導者，各自都會與上司另外進行一對一。**

這種指導者制度，在我那些擔任被指導者的學生們當中，獲得了比較好的評價。不但有「每週都很期待」、「有困擾時，會想要在下次的一對一裡問看看」這類意見，也有參加過我講座的畢業生曾表示：「如果有這個的話，就不用辭職了。」

另外，也有人表示：「今年雖然是第一次擔任指導者，但有了能夠一起成長的感覺」、「前輩告訴我他很高興能當指導者，讓我也想再更努力。」

害怕後輩比自己優秀的前輩們

然而，這些人或許是比較少數的。

在擔任指導者的年輕人當中，所收到的最多說法如下：

「對於自己成為前輩以後，能否擔任好指導者感到不安。」

詢問他關於指導者的話題時，也有很多年輕人表示：「對於是否能夠做出正確回答感到不安，一旦與其他同期同事或前輩的答案核對，絕對會完蛋的。如果可以的話，希望把我從指導者的名單中拿掉。」

我個人認為，這是好不容易普及了的年輕一輩間的指導者制度。如同先前的故事所說，它有著其他方法所無法取得的效果。所以我很希望能務必繼續執行下去。

但是也無法否認，許多年輕人對於擔任「引導後輩」這個角色，都感受到很大的壓力。

我在企業等處進行演講時，經常會被問到這樣的問題：

「我瞭解對於好孩子症候群的年輕人來說、上司與前輩會成為他們展現『演技』的對象，也瞭解會有少數的同期同事私下分享資訊。那麼對於這些年輕人來說，又是怎麼看待後輩這樣的存在呢？」

我的回答很明確：

「後輩也是『令人害怕』的。」

對於好孩子症候群的年輕人們來說，後輩是很可怕的存在，尤其那些優秀的後輩就更可怕了。

他好像比自己聰明，如果我被當成沒用的前輩該怎麼辦？如果找我談很困難的事情，我絕對回答不出來的。

這一類對於後輩的想法，從大學在學期間起就很明顯了。成為了社會人士以後，這一點也不會改變。

萬一說錯話怎麼辦？如果被問到我不懂的事情會很困擾的。我沒有辦法承擔這樣的責任。

像這樣的氣質，將一年比一年更強。

相反地，能夠思考到「擁有被指導者，有助於自己成長」的，只有一部分成長傾向強烈的年輕人而已。所以，公司才會希望由他們來擔任指導者。

這一點與先前提到過的「能創建出新項目的，只有少部分自覺性高的職員或管理階層」，有著重疊之處。

要不要試試在「公司內部公開招募指導者」呢？身為沉默的大多數，這些有好孩子症候群的年輕人們肯定不會有反應的。

第六章

認為「在其他公司就行不通了」的年輕人心理

上司、前輩、工作都太好了，好到我想辭職

近年來，（除了辭職代理服務之外）企業方面過往不曾遇過過的年輕人離職模式有增加的情況。

關於這一點，其實我也一樣，曾遇過學生以過去我幾乎未曾聽過的理由，告訴我：「老師，我考慮向公司辭職。」

一問之下，給我的理由是「職場環境實在太像天堂了」。

「搞什麼啊！這樣不是很好嗎？你講這種話，小心會被浪費妖怪纏上啊？」

我壓抑住想要這麼說的心情（雖然還是忍不住

說了一點點，這甚至還是年輕人不懂的哏），在詳細地詢問一番之後，得到了如下的說明：

在如今的職場裡，基本上只會被分配到誰都能夠完成的工作，而且在工作完成並提交之後，也不會獲得什麼回饋。沒什麼能做的事情、待命的時間變多了，雖說如此，但為了要遵守某項規定，我必須打開線上工具程式守在電腦前面，以便能夠隨時應對。

但即便把螢幕關上、看著我的手機也不會有人說什麼，我問過同期同事，他甚至還告訴我說：「就算再開台電腦玩遊戲也沒關係喔！」

原則上來說，我應該跟上司討論並決定實際到公司出勤的日期，但這部分的規定也很寬鬆，由於我被告知每週至少到公司一天就行了，所以我也就照著這樣做。

這是什麼好待遇啊，真是佛心來的！

事實上，這是二〇二一年時發生的真實狀況（當事人是二〇二〇年的畢業生）。而在那之後，我陸續從許多地方都聽到了類似的情形。

各位讀者應該都知道我想說什麼了吧？那就是日本所謂的以**「溫吞黑心企業」**（ゆるブラック）為理由的辭職。

二〇二二年十二月十五日的日本經濟新聞，曾刊出了〈因為職場佛心過頭了所以想辭職，年輕人對於無法獲得成長感到失望〉（職場がホワイトすぎて辞めたい若手、成長できず失望）這樣的一則報導，造成了很大的話題。報導裡主要是說，對於工作的「溫吞」感到失望而辭職的年輕社會人士正在增加。

相信有不少人會覺得，這種工作狀態讓人羨慕到不行啊！

像這樣的辭職人數真的在增加當中嗎？

如果是真的，在其背後的想法究竟是如何呢？

現在的年輕人，竟然這麼熱衷工作？

請再次思考，「溫吞黑心企業」型的辭職有著什麼樣的背景？

例如，前述的日經新聞裡提到：「除了有越來越多的企業提出了措施來防止長時間勞動與職場騷擾之外，由於新冠疫情的影響，年輕職員被要求的工作負擔也降低了。……因而感覺自己成長的機會被剝奪了。」在日本，抱持這種想法的年輕人正在增加中。

換句話說，這是年輕人在表達「想要更投入工作，但卻什麼都不讓我做，所以想辭職」嗎？

為此，我對很多位人事業務負責人提出了這個疑問。

結果是，目前沒有任何一位人事負責人回答我：「是的，他是這樣告訴我的。」

這樣就讓人有點搞不太懂了啊……！

但是，搞不太懂的地方肯定隱藏著什麼重要的事情，所以我試著更深入地挖掘。

對企業方來說，好不容易花費成本招募到的年輕職員，如果很快就辭職肯定會讓人覺得困擾吧；直屬的上司也將承受「應該好好照顧年輕人」的壓力。

正因如此，不管企業或上司，都會像是要碰觸到發炎部位似地，想得太多。而這麼一來，會出現感覺「這家公司有些不足啊」的年輕人也並非什麼奇怪的事了。

只是，吸引我的是「感覺成長的機會被剝奪了的年輕人」的這部分。現在的年輕人竟是如此渴望成長嗎？

感覺不久之前也才看過「不想升職的年輕人在增加當中」這樣的報導……，這究竟是怎麼一回事呢？

接下來，我將採用多項資料，來試著解析這乍看之下很矛盾的年輕人深層心理。

年輕人的離職率真的在增加中嗎？

首先，讓我們從「實際上年輕人的辭職狀況究竟到了什麼程度」的相關資料來看

圖表6-1　大學畢業就職者的離職率趨勢

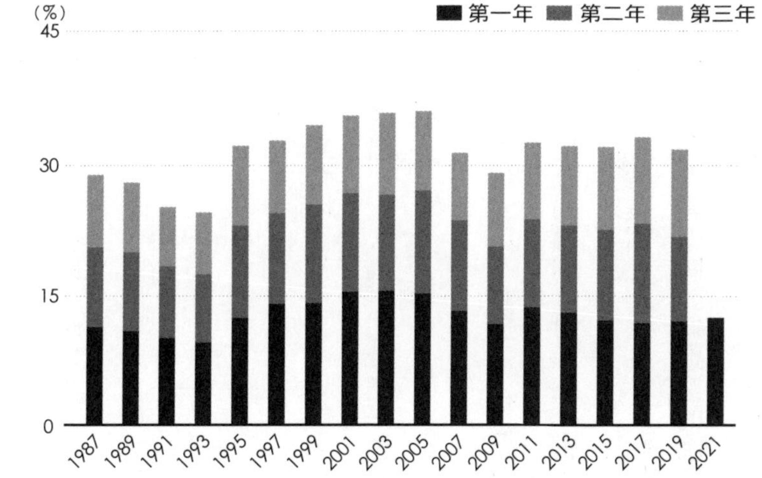

引自：厚生労働省「学歴別就職後3年以内離職率の推移」

起吧！（圖表6-1）

本書雖然主要是以剛從大學畢業的人做為討論對象，但如同這圖表所示，日本大學畢業就業者的辭職率，並沒有很大的變化。無論現在或過去，大致上都是「三年後為三〇%」、「每年增加一〇%」。

從規模來看，企業規模越大，這比例就會變得越小。

附帶一提，高中畢業就業者的辭職率反而降低了，從二〇〇〇年左右的「三年後為五〇%」，到現在已經跟大學畢業就業者的比率差不多了。

那麼，為什麼現在的年輕人辭職會成為問題呢？我想還是因為長期的少子化現象，以及伴隨而來的年輕生產年齡人口減少，再加上對於新畢業生的招募名額需求持續保持在高位等因素，造成了很大的影響吧！

以上這一切，也導致了對年輕人才的爭取與預先確保。

一九九〇年代時，日本出社會的嬰兒潮世代年輕一代，約為每年兩百萬人。而在當時出生的人們，如今剛好也到達二十歲左右、開始出社會了，人數約為每年一百二十萬人。

也就是說，在一代人（約三十年）的時間裡，出社會人數減少到了約為五分之三。基本上在現今的日本社會裡，年輕人的市場價值正在持續上升。也可以說是「年輕人價值」的通貨膨脹。

根據瑞可利管理顧問公司進行的調查，二〇一九年度進行的新畢業生就業（聘用二〇二〇年畢業者）裡，每一人的平均招募成本是九三．六萬日圓，相當地高。而且這個數字還在年年上升當中。

有多少年輕人覺得如今的職場「溫吞」呢？

那麼，在年輕職員當中，覺得如今職場或工作很溫吞的比例有多少呢？

首先請參照圖表6-2。這圖表是由Recruit Work研究所（リクルートワークス研究所）在二〇二二年三月，以在員工人數達千人以上企業就職的大學或研究所畢業之正式員工，以及畢業後進入公司的三年內員工為對象，進行兩次問卷調查的結果。回答人數在第一次時為二千九百八十五人，第二次時則為二千五百二十七人。

從這項調查裡可以看到，八・四％（符合）、二八％（還算符合）加起來為三六・四％的年輕職員，感覺現在的職場很「溫吞」。

把它當成是全體的三分之一，或許會比較容易想像。

問題在於，其中又有多少比例的人，想要辭職離開現在的職場呢？

圖表6-2　感覺現在職場「溫吞」的比例

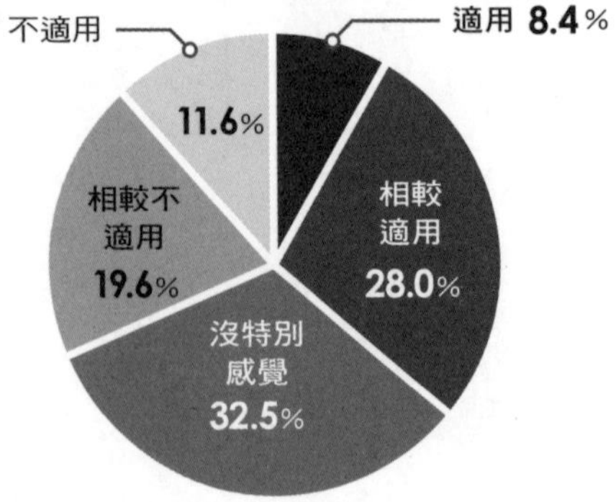

引自：リクルートワークス研究所「大手企業における若手育成狀況調查報告書」

請原諒我再三重複，但現在的年輕人們會被認為「自行放棄讓人覺得『溫吞』到很佛系的職位真可惜、只要能賺到錢的工作什麼都行、只要夠輕鬆就好、不想因工作產生壓力、完全不在工作中追求生存意義」，並不是什麼奇怪的事。

事實上（真的是覺得很遺憾），這種類型的人正大量出沒在校園裡頭。會提供營養學分課程（能夠輕鬆拿到學分的課程）或零壓力講座（以互動為主的講座）的教授才是神；相反地，即使只是講課熱心了一些，也可能被說「修課壓力很大」。

另外，那些喜歡持續地做著同樣的事情、

圖表6-3　繼續留在現在公司、組織的意願與「溫吞」間的關係

「你想要在目前的公司、組織裡繼續工作多久」

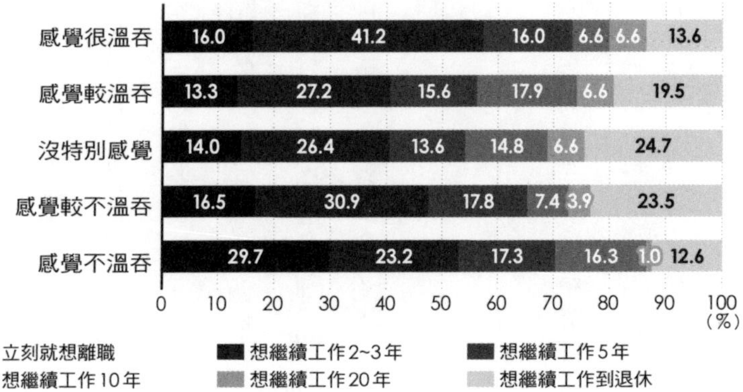

引自：リクルートワークス研究所「大手企業における若手育成状況調査」

喜歡日常工作的人也是如此（能夠一直看著洗衣機在那邊轉動的人多半都擁有這種傾向）。

這類的人在校園裡面要多少就有多少，如果想要找的話，請隨時跟我聯絡。

以上是題外話。

雖然並沒有能夠直接掌握職場溫吞感與離職意願之間關係的資料，但卻有提示（圖表6-3）。那就是將「想要在目前任職的公司裡繼續工作多久呢？」這項提問，與圖表6-2回答結果進行交叉分析。

首先請留意「馬上就想要離職」的比

例，整體來說，約有二〇％的年輕人是這樣想的。

而在其中，對於現在的職場「不覺得很溫吞」的人是最多的（二九・七％）。這一點其實不難想像。如果是在勞動環境或條件不佳公司工作的新進員工，會想要辭職是理所當然的。

重點在於認為「想要持續工作二、三年」的人。在這部分的人當中，對於職場「感覺很溫吞」的人是最多的（四一・二％）。這一點在Recruit Work研究所的報告裡也受到了注意，並做出以下解說：

> 雖說「溫吞」職場，可能會被認為不會有壓力、能夠做自己想要做的事情、身心都能夠健康安全，但實際上並非如此。持續就業的意願低，另一面就代表著離職意願高。換言之，溫吞職場有可能會增加年輕人的離職意願。

這裡我想要提個意見。

「持續就業的意願低，另一面就代表著離職意願高」這樣的解釋是有疑問的。雖然說對大多數的日本人來說是如此，但現今的年輕人們，都是生活在「儘管不想繼續下去，但不代表我想退出」這樣的矛盾當中。

（讓人覺得）自覺性高的年輕人

接著來看圖表6-3最上方的部分吧！

在認為職場「感覺很溫吞」的人當中，想要工作到五年或以上的人，只有四二・八％。正因為這個相較低的比例，認為「著眼於未來職業生涯、對溫吞現狀感到不安的年輕人增加了」，成了近年來媒體或企業人事部門的趨勢。

舉例來說，二〇二一年五月二十六日，日經商業的報導〈雖然不用加班卻也不會成長……年輕人也拒絕『溫吞黑心企業』〉（残業もないが成長もない…『ゆるブラック企業』は若者もごめんだ），裡頭介紹了對於近來新進人員的評語：

「在資訊氾濫當中成長的現今的畢業求職者們，因新型冠狀病毒對於未來也有了很強的危機感。對於必須要擁有技術才能生存下去的自覺性也很高，非常地優秀。」如此說道的大型企業招聘負責人認為，這樣的趨勢在新冠疫情之後變得更強了。

「現今的畢業求職者們……自覺性也很高，非常地優秀」，這真的是很高的評價。

實際上，這樣的評語，很好地掌握到了現今年輕人的表象，請務必先記下來。

關於這評論的可能依據，PERSOL綜合研究所公布了一項很有意思的調查結果：「一萬名工作者的就業、成長定點調查」（圖表6-4）。

這項調查自二〇一七年起每年進行，以全日本共一萬名年齡在十五～六十九歲的人為對象，就實際工作方式與滿意度等部分，追蹤其隨著時間所產生的變化。

這當中，如果著眼在「對於自己想從事的職業形象之想像有多明確」這一個問題

圖表6-4　如今的求職者的自覺性高嗎？

※縱軸的數值是以「非常適用」為5點、「適用」為4點……分5階段對評價進行數值化後所得出的平均值。

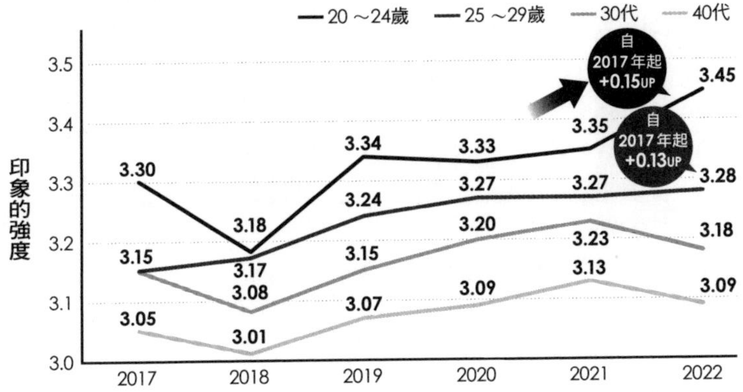

引自：自分の進みたいキャリアが明確になること/独立へ向けた準備ができるようになることを聴取／株式会社パーソル総合研究所「働く10,000人の就業・成長定点調査」、「成長実態調査2022:20代社員の就業意識変化に着目した分析」

上，可以發現二十～二十四歲的數值在近年來有大幅度的上升。

確實，可以看得出年輕人對於職涯發展的自覺性越來越高了，感覺很可靠啊！

PERSOL綜合研究所還對於同樣二十～二十四歲的特徵進行了更深入的研究。圖表6-5顯示出在「選擇工作時重視的要素」各項目當中，這四年裡有減少的項目。「取得休假的難易度」、「工作與私人領域的平衡」、「期望的收入」等都出現了減少的傾向。

圖表6-5　認為選擇工作時很重要的事情（減少的部分）

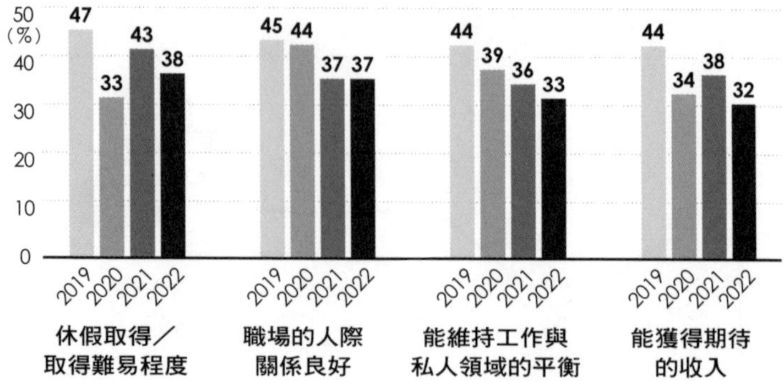

引自：株式会社パーソル総合研究所「働く10,000人の就業・成長定点調査」、「成長実態調査2022:20代社員の就業意識変化に着目した分析」

從這些資料裡可以得知，有越來越多的日本年輕人對於自身職涯有更明確的自覺，而不是只重視休假、私人領域或收入等。（這真的讓人覺得很可靠啊！）

感覺已經不小心先洩漏出一些我自己的心聲了，但是從這邊開始，我的疑慮變得越來越大。

現在的年輕人真的自覺性都這麼高？對於職業生涯也都有明確的願景？

若是這樣的話，能夠多少消除一些日本的衰退氛圍與閉塞感也是好事。年輕人的獨立性不會成為問題，而我這邊也就更不用面對大量來自企業人事部門或教育機關的諮詢了。

圖表6-6　全體Z世代特質與好孩子症候群年輕人的組成

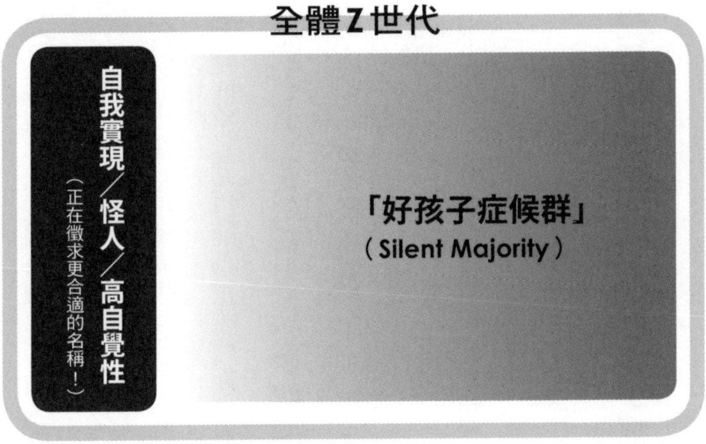

作者自製

重要的是，要弄清楚在討論的是哪些年輕人，以及哪些要素。

從眾多資料來綜合推斷，我所主張的有著好孩子症候群的年輕人們大約占整體的五〇％。當然沒辦法很明確地劃分出來，而是以「強」到「弱」的等級層次來呈現（圖表6-6）。

另一方面，被認為處在圖表另一端的「高自覺性系」或「自我實現系」（近來學生們都稱之為「怪人」），最多占一〇～二〇％左右。當然，也是依照等級層次的方式呈現。（至於其餘的三〇、四〇％年輕人，對我來說就是最看不透、引起我興趣的一群。）

到目前為止我所看過的資料（或是接下來要引用的資料）顯示出，所謂「有著很像年輕人的成長意願」的族群，以及「認真但缺乏自我肯定感、迴避動機強烈，有好孩子症候群特性的年輕人們」，這兩群是混雜在一起的。

關於前者，到目前為止雖然都沒有說明過，但其實還算比較容易理解的。他們有著充足的活力，相處時能帶來朝氣與勇氣。與他們接觸，會讓你覺得如果年輕人都是這個樣子就好了。（只是，在較閉塞的日本，總是會有更多心理上的困擾，請務必要當心倦怠！）

用先前對一對一的分類來說，就是與〈積極傾向〉有著高關聯性。

「自覺性高＝優秀」、「好孩子症候群＝普通」的誤解

還有一個很頻繁被問到的問題。

那就是「自覺性高＝優秀」、「好孩子症候群＝普通」這樣的等式是否能夠成立？

從結論來說，這其實是誤解。這部分也是讓很多前輩們感到混亂的原因所在，接下來我要更準確地描述各自的實際情況，如下述。

①自覺性高且成長意願強的年輕人・主要特徵

有自我主張，會根據自身知識與經驗制定標準，並以此來判斷事物。

為此，對於缺乏自我主張的人來說，他們看起來就像是強大、冷酷、難以訴諸同理心的人。也因此給人「那一類的」、「怪人」這樣的印象。

他們對於自己的情感、主觀、直覺，與邏輯、理性同樣地重視。因此，如果每個向量都朝著相反方向前進，就會引發強烈的衝突。他們的煩惱，幾乎都出在這裡。他們就是「腦子裡雖然知道應該要那樣做才對，但是我的心情卻告訴我想要這樣做」的傢伙啊！

對於更有經驗或知識的人來說，他們是危險且令人擔心的。但與此同時，也是可靠、將來可期的。

另一方面，對於不怎麼有經驗與知識，或是不重視這些的人來說，他們看起來就像是愛講道理、說得頭頭是道，卻不懂得「現實」的傲慢年輕人。

在他們之中，既有自我肯定感高的人，也有自我肯定感低的人。然而即使是自我肯定感低的人，對於「自己所做的事情能夠獲得別人認可」這一點，也有著一定的自信。對於這部分的成長懷抱興趣，並且能感到喜悅。

②有好孩子症候群的年輕人‧主要特徵

初見時會覺得很爽朗積極、有溝通能力，對被賦予的工作也能確實地執行。會很認真地聽前輩們的話、老實地遵從指示。對於現實的應對能力也很高。

所以，來自前輩們的反應也都不錯，最常見的評價就是「很認真，優秀」。

然而，遇到對自己來說不利的事情時，無論前輩們怎麼說仍會保持距離，逃避。而且在這種時候，會慎重地選擇誰都無法加以否定的方法。換言之就是，快速離開。

他們討厭不講道理的事。但不會提出批評，而是保持好距離。極不喜歡因為外在的因素，而讓自己的情感上下波動。

由於這些也會反映在交友關係上，除非是在能夠提供很高心理安全感的場合，否則基本上不會提出否定性的意見。

就整體來說，他們並不具備批判性的思考。

由於自己的軸心較弱，所以很重視同理心。對於他人喜歡、認為好的事物感興趣，自己也會給予這些事物好的評價。這種同理能力的強度，不論是在線上（LINE社群、社群軟體、評論欄的閱覽等）或線下（學校、職場上的溝通），都能成為他們溝通時的中樞。

這群人裡自我肯定感低的人很多，很重視「平均」，他們想要的位置是**「比平均稍高些」**。在這個位置不管是往上竄升或往下降低，都會讓他們覺得害怕。

尤其，對於落下的畏懼感很大，為了能夠停留在平均的位置上，會不吝努力。

覺得如何呢？

若要說優秀與否，這兩類人不論哪邊都很優秀。或者應該說，有好孩子症候群的年輕人雖然要加上「乍看之下」或「基本上來說」的修飾詞，但看來還是很優秀的。

我之所以會認為人們對於好孩子症候群年輕人的理解很「表面」，其理由就在此。

例如：會認為近來的年輕人對於職涯自覺的增強，是來自於前輩們的引導。

認為「在其他公司裡不適用」的深層心理

先前提到的Recruit Work研究所調查裡，還有一個讓我很感興趣的結果。

那就是在關於職涯不安感的提問中，「是否覺得自己可能不適合其他公司或部門」的結果——強烈認為如此的有一〇・九％，認為如此的有三四・七％，總計有四五・六％的年輕人，對於自身技能或知識的通用性懷抱不安感。

另一方面，近期在「對於自己想要投入的職業，你有多少清楚認知？」這個問題

圖表6-7　認為選擇工作時很重要的事情（增加的部分）

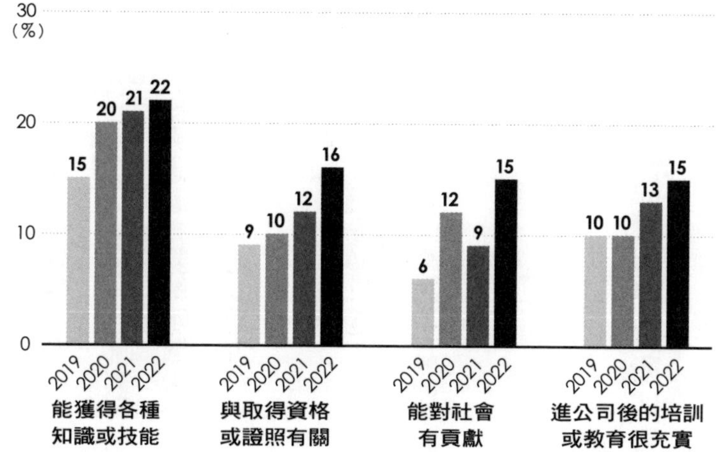

引自：株式会社パーソル総合研究所「働く10,000人の就業・成長定点調査」、「成長実態調査2022:20代社員の就業意識 化に着目した分析」

上，給出正向回答的數量正在增加。

這些結果該怎麼解釋才好呢？

因為調查的公司分別是Recruit與PERSOL，公司不同結果也不同……如果能這樣說就簡單多了。但這兩家公司都是人力資源業界的領先者，才不會輕易做出容易被偏見所埋沒的資料集。

我的假設如下，也有數據能夠支持。首先試著來重看一下PERSOL綜合研究所二〇～二四歲的「選擇工作時重視的要素」這個項目。這次要看的是在四年間上升的項目（圖表

6-7）。

近年來，有這幾個快速上升的項目：「能獲得各種知識或技能」、「與取得資格或證照有關」、「進公司後的培訓或教育很充足」。

也就是說，在選擇要做哪個工作時，越來越多年輕人會重視是否可以獲得知識、技能或資格，或者培訓制度是否夠充實。

在這邊想要請問各位讀者。

對於現在的年輕人來說，「職涯的明確化」指的是什麼呢？還有，「成長」對於他們來說又是什麼？

公司是「應該能讓自己有所成長的地方」

在進一步思考這個問題前，先來說明我自己所獲得的資料。

設計很簡單，就是對大學生提出以下問題：「請告訴我，你覺得在你二十多歲時應該能幫助你成長的公司或職場是什麼模樣？」

我對十八名大學生進行了訪問、記錄，並且以關鍵字或概念對類似的答案進行分組。其結果如下，以回答最多的四個項目按順序列出。在括號內，載明了提到該內容的回答人數。

問：「請告訴我，你覺得在你二十多歲時應該能幫助你成長的公司或職場是什麼模樣？」

- 不僅適用於就職中（或即將就職）的公司，還能應用在其他公司或組織裡的能力或技能（八人）。
- 會鄭重地說明為什麼必須要做這些（四人）。
- 會依序教導作業的順序或流程（三人）。
- 不會只給指示，而是在一定範圍內交給我來處理（三人）。

如同所看到的，①能獲得就職公司以外也適用的能力或技能，是毫無疑問的首位。當然，依回答者不同，表現也多少有些差異。

例如，「獲得能夠隨時轉換工作的技能」或是「獲得具通用性的知識或能力」等，這些都歸類於①群組裡。

請再看一下提問的內容。

能夠讓自己有所成長的公司？光看答案，好像會被誤認為是問教育機構或別的什麼單位（尤其是①與③）。

對現在的年輕人來說「職業生涯的明確化」是什麼？「成長」是什麼？這些問題的答案也在這裡。

他們傾向於認為公司或職場、工作、上司等存在，是「能讓自己成長」以及「會賦予自己發展職業生涯能力或技能」的事物。

當然，他們知道自己就是成長的主體，因此，若是直接向他們詢問，也會得到這種回答：

「想要發展自己的能力與個性，對公司和社會做出貢獻。」

然而，實際情況並非如此。

為了留下深刻印象，說話要更直接了當，別擔心會被誤解。

對於有好孩子症候群的年輕人們來說，公司並非是「能賺到錢，並且自己做出相應貢獻」而已。被賦予的工作當然要做，但在這過程裡，公司或上司會如何幫助他們獲得適合自己個性的能力或技能，也很重要。

因此，在公司說明會時排名第一的問題就成了「貴公司有什麼樣的培訓制度呢？」（只是近來這樣的詢問也變少了，因為大學給了學生「這種問題會讓人覺得有些消極，印象會變差所以請不要提」這樣的指導，在網路上也有類似的資訊。）

「職業生涯的明確化」之所以會成為關注的焦點，在很大程度上是來自「要如何在工作的同時，有效率地提升自己的職業經歷」這一觀點。

而無法給予這些累積的公司，就被稱為「溫吞黑心企業」。

更準確來說，有好孩子症候群的年輕人，並沒有事業心。而是因為被教導「當一個有事業心的年輕人是正確的」，所以他們才這樣做。

真的要打從心底提升事業心（對他們來說）是極為困難的。

許多以年輕人為對象的資料裡，都出現把自覺性高跟好孩子症候群給搞混在一起的情況。然而，從比例來說，好孩子症候群是占壓倒性的多數。

對於好孩子症候群者＝沉默的大多數來說，「成長」就等於是為了不被周圍的人給落下。因為職場過於溫吞而想要辭職，只不過是害怕自己在與同儕的相較中，會被拋在後頭。

身為前輩們的各位，請先理解他們吧！然後，請絕對不要去「矯正」他們。或許很讓人著急，但絕對不能這樣做。換成是你，如果有誰想要矯正你的心態，也會想要抗拒吧？

與其如此，不如試著去理解吧！比起深深地、真摯地接受它，若能夠快樂地、柔和地接受它會更好。

並且，請思考如何與有這種特質的他們共同向前邁進。

這件事，是我想送給各位的第一個訊息。實現這樣的社會，是我個人的使命之一，所以我想不斷地複述。

那麼，為什麼現在的年輕人，像這樣的想法會變強烈呢？

可以思考的有以下兩點——

①近來獲得知識、技術或能力的「快速化」。

②對於與同世代人相比，只有自己不知道、自己做不到，這種所謂的「低於平均值」的情況，有強烈的畏懼感。

這些重點，在後頭的章節裡會再次討論。

第七章

日本與美國的「安靜離職」

什麼是「安靜離職」？

大約二〇二二年的夏季，我經常會被認識的企業經營者問到：「你知道Quiet Quitting嗎？」

這個概念在美國年輕人當中引發了相當的迴響，據說是從某位技術人員發在TikTok上的影片開始的。

實際看來，僅僅十七秒的影片搭配著「人生不只是埋頭努力工作」為主旨的旁白。說真的，並不怎麼有意思。

雖然日語及中文翻譯成「安靜離職」（静かな退職），但這是錯誤的譯法。

其實真要翻譯的話，應該是「平靜地解脫」或

「安靜地撤退」這樣的意思吧？

我會這樣翻譯是因為，「Quiet Quitting」實際上並不會辭去工作。這個詞所指的是——在職場上只做賺取薪資所需要的最低限度工作量，不會再做得更多的狀態。

此外，也不參加新措施或專案、不展現出想要晉升的意願。當然，在工作結束後更完全不會去想跟工作有關的任何事情。

在此把《哈芬登郵報》（*Huffpost*）、《華爾街日報》（*The Wall Street Journal*）等美國主要線上期刊，自二〇二二年秋季後刊載過的Quiet Quitting相關報導，重點整理如下：

> 工作上若以符合公司、顧客預期，或超出期待的成果為目標，在成就感的另一面會伴隨著眾多的壓力。有些人或許能夠把壓力轉變成能量，但也有很多人做不到。

在年輕人之中，有些人會如此地把熱情投注於工作上，使得原本就有所偏頗的飲食生活更變本加厲、睡眠的質或量也降低，逐漸地感覺到身體狀況變差了。

或者，沒有感覺出身體狀況不佳，但認為「我究竟為什麼要拚成這樣呢？」的人也不在少數。

在英語裡「Escape hustle culture」這個詞語很常被使用，其意義就是「總之，不再這麼拚命工作了」。

Quiet Quitting也有著**「從埋頭苦幹、全力工作的文化中逃離」**的含意。

伊隆・馬斯克「奮鬥文化」的反彈

「即便在（自覺性高的人好像很多）的美國社會裡，有這種感覺的人也越來越多了嗎……？」這或許會是多數讀者最直接的感想。

尤其二〇二二年，是日本經濟狀態低迷、「便宜的日本」或「會被買走的日本」等資料同時蔓延開來的一年，所以會有更多人可能有這樣的感覺。

日本與美國之間的經濟實力差距，正藉由周遭的「收入」與「薪資」衡量標準，很清晰地呈現在眼前。

那麼，在美國國內，Quiet Quitting 實際上增加到什麼程度了呢？

很可惜，並沒有直接的資料，但美國知名調查公司蓋洛普（Gallup）所公開的資料經常被當成相關資料在運用。就是該公司出名的測評法之一，「Q12」。

這項調查，會從廣大勞動市場裡隨機抽選出回答者，並提出十二個問題（數字是十二，但實際上含 Q00 在內共有十三個）。其項目包含了對於工作的滿意度、生產力和幸福感等多個方面。最後統整其結果，計算出從業人員的工作敬業度。

敬業程度簡單來說，就是勞動者對其所屬組織的依戀與熱忱。通常敬業度越高的從業人員，其勞動生產力或幸福感就越高，離職率也會比較低。

在此，便來運用這些結果，引用二〇二三年八月更新後的資料吧！此資料由

圖表7-1　美國的從業人員敬業度趨勢

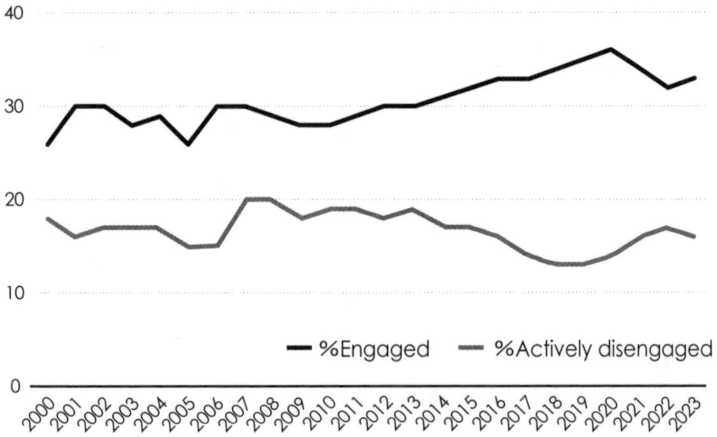

引自：「Gallup's Employee Engagement Survey」

「Engaged」、「Not engaged」、「Actively disengaged」（投入、未投入、積極脫離）合計為一〇〇%，圖表7-1裡，載明了其中的「投入」與「積極脫離」兩項。

由此來看，「Engaged」也就是對於工作抱持著熱忱的人的比例，不只沒有減少，還有緩慢增加的傾勢（附帶一提，近年來日本的「Engaged」比例一直落在五%左右，低得讓人驚訝）。

光看這一點的話，還看不出Quiet Quitting現象的徵兆。

以我個人來說，在這些資料裡想最要關注的是「投入」與「積極脫離」之間的差距。因為在美國社會裡，當某方向的趨勢增長時，與其相對的對立意見往往也會變得更強。

在Quiet Quitting現象中，像這樣的解釋也是可能的。事實上，先前所提到的主要刊物，也曾登載過許多對於Quiet Quitter的批判性意見。

像是：「努力是年輕人的權利，也是其對於社會的義務」、「不努力的態度只是在逃避現實，並不是解決對工作不滿與倦怠的仙丹」、「這只會助長將怠惰正當化」、「真正有需要休息的人，也會被認為是Quiet Quitter」等。

而且，各位讀者應該都還記得，收購了Twitter公司（現在的X公司）的伊隆・馬斯克發給員工們的以下這段文字，可以說就站在Quiet Quitter的對立面：

「Going forward, to build a breakthrough Twitter 2.0 and succeed in an increasingly competitive world, we will need to be extremely hardcore.」

（為了要在日益激化的競爭當中獲得成功，必須要變得極為頑強。）

日後，很難預測這樣對立的結構會如何演變，但暫時應該還是會先共存著吧！

已經滿是「安靜離職者」的日本

至此，我們已經看過主要以美國為中心的「安靜離職／奮鬥文化」結構。接下來，要以這長篇幅的前置說明，來與日本社會做個比對。

像這種 Quiet Quitting 的想法，對於日本人們來說，或許並不需要特意因有趣而去學習。

應該已經有不少讀者都感覺到了吧？也沒什麼，就是 Quiet Quitting 正在成為日本文化的一部分。

到目前為止談到的「有好孩子症候群的年輕人們」的實際模樣，與來自美國的 Quiet Quitting 概念，有著很大部分的重疊。

尤其一致的部分是**「自己不做出任何行動，徹底等待指示」**這樣的態度。

日本不愧是問題領域的領先國家啊！美國近年才成為話題的現象，日本早在多年前就已經開始有所進展了。

附帶一提，想要向國外研究友人說明日本人「等待指示的特性」是非常困難的任務。當然其中亦有我英語能力拙劣的緣故，但即便有了充足的思考時間，真的還是很難以傳達。

「Waiting for instruction from their supervisors.」

「Preferring being controlled on their jobs.」

一般像這樣，多半說了就能夠明白。

然而（至少跟我有所交流、住在美國的研究者們是如此），他們似乎認為這些主要是低薪資勞動者或高齡者的情況。

因此，我重新做出「不是的，這都是些大學畢業的年輕人」的說明，但是卻接受到「Why?」、「I don't get it!」的集中攻擊，最後還是被打敗了……。

所以，至少我要在此跟你分享、同感、並獲得共鳴。

日本的「安靜離職」現象，並不是新出現的，而是「現今存在著的危機」狀態。

然而，美國與日本的 Quiet Quitter 有兩點很大的差異。

第一點是「積極脫離」。「主張要積極地不奮發」，這說起來就很像美國人給人的印象，而日本的年輕人則正好相反。

好孩子症候群是指會表現出一定程度積極性、對被分配的工作處理得妥當，但不會做出超出這種程度的顯眼行動的狀態，這也是為什麼他們會讓前輩感到困惑。

事實是，即便從「Q12」的各國比較來看，日本與美國在「積極脫離」的比例差距也並沒有很大，日本突出的部分反而是「投入」的數值較低，以及「未投入」的數值較高。

第二點是，在日本的年輕人是真的辭職。

在美國，對奮鬥文化的逃避通常並不會到要離職的程度。儘管如此，日本年輕人卻會放棄公司本身——這一點，是連美國人都感到驚訝的大膽舉動。

日本社會不像美國那樣，在人的流動性上並不高。原因在於日本並非是職務型的聘僱，而是會員型的聘僱。在這種會員型的聘僱環境當中，出現離職者（尤其是年輕人）對於組織來說會是很大的打擊。

換言之，年輕人的離職在日本社會裡，會帶來更大的衝擊。

「不工作的大叔」對年輕人的影響

在本章裡，還要再來看一下日本與美國年輕人勞動文化的差異處。

日本Qualtrics公司（クアルトリクス合同会社）發表了很有意思的調查報告：「二〇二三年從業人員體驗趨勢」。這項調查，是以全球二十七個國家或地區為對象的跨國報告，加上單獨在日本實施追加調查的日本報告所組成。日本報告的部分，是由十八歲以上、被聘用為正式員工的就業者四千一百五十七人來進行回答。

在這項調查裡，為了要能定量地揭示出Quiet Quitter，會將「自主貢獻意願」程度在高、中、低裡頭符合於「低」的人，以及「繼續工作意願」程度在高、中、低裡頭符合於「高」的人，都歸類到「處在安靜離職狀態的人」。

這樣做，能夠特定出「沒有自主性工作意願」（＝自主貢獻意願「低」）但是「沒有辭職而持續工作著」（＝繼續工作意願「高」）的人，實在是很巧妙的分類方法。

分類結果顯示，自主貢獻意願「低」×繼續工作意願「高」的比例，在四十～五十歲的主要職員當中有比較多的傾向。

相反地，在二十來歲的職員裡相對地較少。

主責調查的市川幹人先生，在雜誌訪談當中提到，他認為調查結果中出現的「處在安靜離職狀態的人」，「並非管理階層，主要都是只想做最少限度工作、拿薪水的一般職員（四十～五十歲的對象）。」

從這個結果看來，在日本與其稱為「安靜離職」，稱之為「不工作的大叔」或許更接近這群人的真實模樣。

接著他還評論這個群體是「學習意願低落，連對工作能獲得的認同感或報酬也都不感興趣」。

這不論對於公司或上司來說，都真的是很麻煩的情況。

不過，在此傾向認為「不工作的大叔問題」（除了這帶有諷刺意味的名稱之外）並非其本身或單一部門的問題。換句話說，這不是本人的責任，而是日本社會整體要面對的問題。其中也要考慮到在多數情況中，其本人並非出於自願而選擇了該職位。我的意見也是如此。由於對這個問題的分析或論述，已經有許多相關書籍，所以本書不再深入討論。

反而我更想說明的，是關於「不工作的大叔」之存在對於年輕人的影響。

根據二〇二二年四月時，由識學公司（株式会社識学）針對在從業人員達三百人以上企業裡工作的二十～三十九歲男女性，共三百人為對象所實施的調查顯示，回答在其所屬公司裡有「不工作大叔」的比例有四九・二％，而其中回答「沒有什麼特別不好影響」的人只有九％。

這類人的別名為「妖精」，如同這個別稱，雖然對於日常業務看似沒帶來什麼損害，但生產力低反而拿到高薪資，讓人實在沒辦法放著不管。

現今年輕人想從公司辭職的四個原因

目前，除了身體狀況不佳、受到權力騷擾、想脫離黑心企業等理由之外，現今年輕人會考慮離職的理由，大致可以分成以下四個。

第一點，當然，**工作不會都是有趣的**。很多年輕人在到職前都會期待有「正常職場環境」、「正常待遇」和「正常的上司」。然後，他才會知道原來自己認為的「正常」，其實是極其幸運的「天堂」。

現實中遇到的常是「不講理的職場環境」、「不公平的待遇」和「難懂的上司」三件式組合。這三件裡有一個或兩個的話都還算「正常」，每天都要很努力才行。預先設想得越天真的人，對於這種落差的實際感受就越強烈。

第二點是先前已經論述過的，**想從「溫吞黑心企業」裡離職**。

近年多數日本企業包含加班在內的工作時間確實減少的同時，也藉由強化防止騷擾的措施，讓職場變成更適於工作的乾淨場合。

現在已經不會在任何職場裡看到有人不停地抽菸；也不會有人以「小可愛」這類用語來稱呼年輕女性職員；新人不用再拿著水罐到處幫上司倒啤酒；「能努力拚一整天嗎？」*這樣的台詞現在聽起來反倒令人覺得有點酷。

但是，也有部分的年輕人認為，像這樣的全國淨化計劃反而剝奪了他們「成長」的機會。

對於年輕世代來說，「工作輕鬆度」與「工作價值感」是成反比的，這樣的分析結果已經相當常見了。

為了替寶貴人才著想而追求「工作輕鬆度」，若其結果卻是降低了工作的價值感，那不是很諷刺嗎？

第三點與第四點，就稍微有點不同。

第三點是，**被分派的部門未如預期時的離職**。可能有很多人認為，這種情況從以

＊譯註：「24時間戦えますか？」一九八九年，日本泡沫經濟時期的流行語。

前就有了啊！然而與過往不同的，在於年輕人的反應。

現今的特點是，必須要確實地向年輕人說明為什麼分派的結果並沒有依照其意願。必須要花時間讓他們理解，這件事情並非是不照道理來的。

一連串努力下來，好不容易得到「我瞭解了，謝謝」這樣的回答。

但與之配套的，卻是隔週收到的辭職申請書。

不是說「我瞭解了」嗎！

就算這樣吐槽回去也沒用。因為他或她所瞭解的，是「公司的考量跟我自己的想法不同」。

過去的年輕人對於這種事的反應會表達如：「沒抽中分派（調動）的獎項啊！」（已經沒人會這樣說了。）

從經營者或上司來看，調動或分派當然是有意義的。絕對不是偶然、用抽籤方式來決定的。

換言之，分派跟調動都不是在抽獎。這跟抽父母、抽國籍或抽外貌這種事本質上完全不同。分派跟調動是有所依據的。

儘管如此，年輕人們卻還是會有「既然沒抽到我要的，那就從這間公司辭職吧」的想法。

如今的年輕人有種趨勢——會將公司或組織視為離自己很遠、一種如同潮流般的事物（雖然在裡頭工作的人其實跟自己並沒有太大的差異）。

然後是第四點，**「公司能為自己做些什麼」這樣的想法在年輕人當中變得越來越強勢了**。

現代年輕人強烈地傾向於將公司或經濟社會視為「被固定化的機制」。又或者應該說，他們把這種情況當成理想狀態——這說法或許會更準確些。

因此，公司或上司做為「機制」的一部分，應該要準備好提升技術或能力的機會，而欠缺這些（或是必須由自己來創造）的公司就是不合理的。

我認為在這現象背後，有知識、技術或能力獲得「快速化」的因素存在。

詢問「推薦資格」年輕人的真正用意

身為大學教職，在與高中生（或是大學一年級生）接觸時，經常會被詢問到這樣的問題：

「我應該先取得什麼樣的資格才好呢？」（各位同業，應該都有同感吧？）

前些日子，在一場集合已經取得企業聘僱通知的大學三、四年級生所舉辦的求職活動相關座談會上，在剛入學的大學一年級生面前，進行到問答階段時也出現了同樣的問題。

當我聽到這樣的詢問時，在被拒絕提出反問的情況下，我會改問：「你的目標是什麼呢？當然是指現在這時間點的。」

雖然看起來是反問的形式，但這事實上就是我的回答。

換句話說，**「資格是否有用，取決於目標」**。

雖然我說明了這件極為理所當然的事情，但直率且認真的日本年輕人們，卻似乎並沒有體會到。針對這反問的回答，多數回應就是給人像這樣的感覺：

「這個，雖然還沒有特別決定什麼目標，但我想知道現在是否有某些推薦可以優先取得的資格。」

說話的方式很像年輕人，雖然有些生澀，但遣詞用字還蠻有禮貌的。

除了我之外的多數教職人員，都會給出某些回答，例如舉出幾種資格等等。還有些人會談論自身的經驗，相當地精彩。

只是，我想努力讓大家記住原則，那就是——**資格僅僅只是你自身能力的一小部分證明而已**。現在已不是資格本身能夠成為決定性武器的時代了，至少，我不希望各位只是出於「好像能夠取得資格」這樣的理由，就選擇了要去哪就讀。

結果，由於我這樣的說法太直接了當，讓提問的新生表情有點不太愉快。而一邊看著他一邊在說話的我，精神上也受到了一些影響。

故事到這邊還未結束，應該說令我震驚的事才剛要開始。

我的回答，總結來說就是「這取決於你如何活用資格」。

附帶一提，像這樣對談的活動或座談會，都會附有問卷調查。在問卷上也會有想要追加詢問的項目。

有問卷上是這樣寫的：

「感謝您關於『資格是取決於目標』這樣的說法。那麼，在設定了哪種目標時，哪些資格是有用的？如果有容易理解的列表或說明書的話，請告訴我吧！」

真的假的？現在的年輕人啊！

邊說邊苦笑還算容易的了。

然而，年輕人之所以會這樣想的原因是什麼？是誰造成的？

考慮到這些，我開始有些害怕起來了。

說穿了，這些就是希望能夠盡量獲得「可以更有效率地生存在這世界上的範本」的年輕人們。他們意識到了，藉由獲得某些範本，能用盡可能最少的努力，來獲得跟別人同等或稍微好一些的安定生活。

年輕人追求的「快速技能」是什麼？

二〇二二年九月時，由Regi（レジー）所著的《快速教養：想要在十分鐘內就獲得答案的人們》（ファスト教養　10分で答えが欲しい人たち）出版了，讓以年輕人為中心的獲得教育快速化，成為熱門話題。

簡單來說，就是認為「希望可以快速獲得對於工作有幫助的學養」的年輕人正在增加。我對此完全贊同。

入門書籍跟專業書籍不知道讀了幾本，也參加了大學的課程，但這樣做的成本負擔很大、效率也不佳。既然如此，反正有很多「〇分鐘就瞭解□△」的解說影片可看，只要聽已懂的人快速說明應該就足夠了——像這樣的想法正變得越來越強。

像這樣會計算性價比或時效比的行動，變得越來越引人注目。

我認為，快速化的目標不僅只有教養，也已經發展到技能或能力方面了。

我的想法是，現在有許多年輕人都認為，這些機會應該要由公司方面來提供，無法提供的公司就不是好公司。

如果把要分配給年輕人的工作，限制在那些誰都能處理的任務上，他們就不會感受到令人痛苦的壓力，也就不會出現訴說自己遇到「不講理」、「黑心企業」或「壓榨」的情況了。

至少到職初期的年輕人的留存率應該會上升。如果只需要這樣，那對於重視年輕人的上司或公司來說就可以安心了。

然而，置身於這樣的職場環境，顯然學不到關於新工作的知識或技能。部分的年輕人，會對此感到不安或擔憂。

在工作上或公司裡，尋求獲得「快速技能」的機會

關於這一點，實際上在PERSOL綜合研究所的「成長狀況調查二〇二二：聚焦於二十歲世代職員就業意願改變的分析：從過去六年間的變化來看二〇二二年的二十歲

世代職員樣貌」裡，也提出了如下的內容：

二十歲前半世代的正式職員選擇工作時所重視的要素，在取得休假的難易度、人際關係、收入等方面有減少的情況；另一方面在社會貢獻、能獲得知識與技能等，和「自我成長」有關的項目則有增加的傾向。可以推測出，在考慮到此後的職業生涯發展，想要選擇能夠協助自己成長的公司的意向會越來越強。

這邊也一樣，我想關鍵點果然還是在「快速技能」上。

現在有許多年輕人，都很強烈地想要實際經歷成長，並獲得做為專業人士所能運用的能力。

雖說如此，但這並不表示想要尋找一個充滿批評的職場，或是非得埋頭努力不可的工作，也不是在追求要像專業工匠般踏踏實實地花上個三、五年來累積經驗。

簡單來說，現在多數的年輕人，都很強烈想要盡可能地輕鬆體驗成長、避免落後於他人，且要有效率地獲得做為專業人士所能運用的能力。準確來說就是這樣吧？

也因此，對於提升技能或能力的機會不當回事、肆意使喚員工的職場就叫「黑心企業」；相反地，工作量少，但能取得的知識或技能也少的職場就被評為「溫吞黑心企業」。

帶著矛盾活著的年輕人們

另外，也有不少人認為，年輕人不是出自於「想靠著工作賺大錢」、「想帶著價值感工作」這類積極的理由，而是受到像「因為沒辦法預期未來的經濟會成長，所以不趁年輕時就開始尋求技能或經驗會難以生存下去」這類對於社會經濟期待感低落的想法所影響了。

來試著驗證吧！

的確，現今的日本年輕人對於長期以來低迷的成長，抱有較低的期待感與強烈的放棄感。

另外，在前述PERSOL綜合研究所的調查裡，也有著「與過往的年代相比，他們擁有的價值觀是以獨立性的職業生涯發展為目標，而非一直以來依賴於企業的價值觀」這樣的說明。

如果真的有許多年輕人都是這樣想的話，那應該會有許多年輕人離開日本才對吧？在大學裡工作的人應該都很清楚，跟過去相比，現在的大學有更多協助前往國外留學的機會。

儘管如此，我並未聽說有許多學生前來尋求這類協助。印象裡反倒是負責提供協助的這一方，很積極地在招募人員。

如果像PERSOL的調查結果所說的那樣，許多年輕人對於日本或企業的未來都沒有期待，而是把目標放在獨立性的職業生涯發展的話，社會上應該會有更多活力滿滿且具備挑戰精神的年輕人才對。

那著手發展新型商業領域，並把僵固了的現存企業看成是該破壞的目標的年輕人，能占據主導地位也就沒什麼好奇怪的了。

但現實裡，像這樣的年輕人只有很少的一部分。

雖然結論很簡單，但我驗證之後所導出的結果是這樣的——

現在的年輕人，是帶著許多矛盾活著的。

他們對於長期成長緩慢的社會的未來懷抱危機感，是事實。

與過往世代相比，認為獨立性的職業生涯發展是很重要的，也是事實。

與此同時，採取正解主義*、想要盡快得知大家都認定的答案也是事實。

不進行帶有風險的挑戰、專注觀察周遭的狀態來採取行動，這畢竟也是事實。

像這樣，現在的年輕人帶著乍看之下完全相反的各種概念，就這樣活著。存在特別大落差的，就是他們「認知」與「行動」的矛盾。

在前述的四個「事實」當中，前兩個是與「認知」有關的，後兩者則是對應到行動上。

儘管認知到獨立性很重要，但不會自行挑戰。

對於未來懷抱著危機感，行為卻很克制且同時採行正解主義。

這樣一來，前輩世代的各位當然會覺得很混亂啊！

這些「懷抱著矛盾的年輕人們」，目前在很多調查結果裡都被觀察到了，我也想要繼續深入地探討。

在下一章裡，我想來整理這種構成他們特性一部分的「正解主義」。

＊譯註：認為凡事都有正確的答案。

第八章

「無論如何都要尋找正確答案的年輕人」的實際樣貌

Q：不認為現在的求職培訓一定能順利進行？（以現正用任何形式擔任求職培訓的人為對象）

引自：筆者「101ヒアリング：人事担当者編」

N＝27

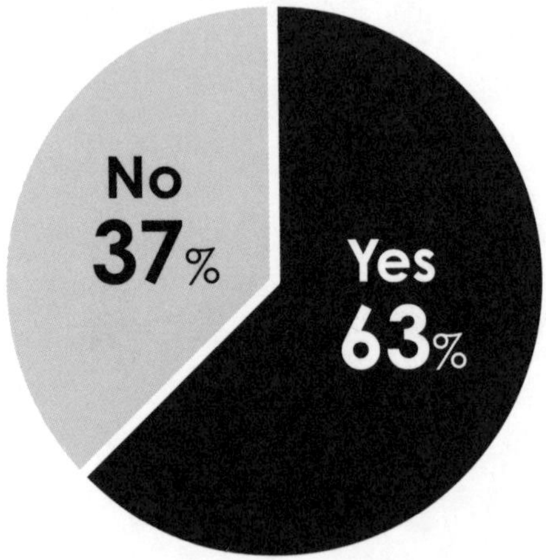

尋求正確答案的年輕人所畏懼的事物

許多日本大學生在升上三年級後，就會開始投入研討會、研究室、進行調查或實驗、參與團隊工作等，之後便著手撰寫畢業論文。而其所參與之研討會的指導教師，就是終身的恩師。

在教師當中，有些人會頻繁地與民間企業互動，近來實施共同研究的研究室也開始增加。

從企業方的立場來說，與在教授或副教授指導下的學生合作，能提供很寶貴的力量。所以當他們前往大學時，攜帶伴手禮的情況並不少見。

那麼，接下來就進入正題吧！

某天，在某個研究室裡，進行共同研究的某企業的M先生出現了：「午安，我帶了些小禮物來，請大家來試試吧！」說話的同時他把紙袋拿起來給大家看。

好了，問題來了。接下來的瞬間，會發生什麼事呢？

我幫各位準備了幾個選項——

①說「哇！謝謝您！」然後M先生（準確地說，是小禮物）就被研究室的學生們給圍住了。

②學生裡的某人說「啊，您太客氣了，謝謝」，然後接下了禮物。

③全員都僵住了。換言之，幾乎沒有反應。正確來說，其實是有一半的人沒有反應，另一半的人則是看著其他同學。

你的想像跟哪個選項比較接近呢？

想像是①的你，應該是社會人士裡屬於老鳥的那一群吧？能直接反映出「如果是年輕人……」想像的，就是①了。

②的確是感覺最「正常」的狀況吧？

③該怎麼說呢，有點不禮貌吧？不，是很失禮才對。

那麼，現在大學生最容易出現的情況，是哪一項呢？

答案是③。像這樣失禮到了極點的情況，我實際上已經看過不知道幾次了。相反地，除非帶著伴手禮來的是跟大家交情很不錯的人，否則是不會出現情況①的。

為什麼會是③呢？

假設那個小禮物是個別包裝好的奶油夾心餅乾吧！比起整個蛋糕或年輪蛋糕這種很麻煩、還要切分開來的，體貼的M先生顯然是很用心啊！

即便如此，③的出現頻率還是沒有改變。這是為什麼呢？

這並非意味著現今的大學生態度旁若無人、沒禮貌，也不是欠缺常識的人。學生對奶油夾心餅乾反應冷淡的原因，是在於「害怕自己要代表接受」。

不要害怕被誤解，直率地表達出來吧！在這個情況下，奶油夾心餅乾竟成為了害怕的對象，為什麼呢？

這是因為，會產生**「責任」**的緣故。或許有人會覺得，不過就是個奶油夾心餅乾，也太誇張了吧？

然而這就是現今日本年輕人們的心理特徵。對於還不太清楚在那個奶油夾心餅乾上會產生何等嚴重責任的人，以下簡單地進行說明。

先假設，奶油夾心餅乾一共有十二個，而在場的學生一共有八位吧！

這樣一來，一人分配一個後會剩下四個。這四個餅乾的處理是很重要的。就算拿給指導老師也還剩三個，這樣就更嚴重了，絕對要避免讓自己捲入這樣的漩渦當中。

所以，「一個人分配一個的對策」並不穩妥。

穩妥是最重要的。那個奶油夾心餅乾，就是個會讓至今為止小心再小心培養出來的人際關係被逼迫到困境中的高風險物品啊！

這種心理作用統整起來的結果，就是先前的「③僵住了」反應。

「好孩子症候群」年輕人們採取的「最適當策略」

事實上在這情況下，最難以忍受的就是M先生了。在這場「僵住了的戰爭」裡，面對著身經百戰的「沒反應的勇士」們，M先生是毫無勝算的。

我想給M先生這樣的社會人士一點建議。

此時說句：「啊，那我等等就拿給老師喔！」就是正確解答，可以一下子就讓場面解凍。

相反地，最好避免說：「啊，那這個就給你了。」像這樣把東西交給只是出於偶然站在旁邊的學生N的做法。學生N當然會收下來吧？但此時奶油夾心餅乾這個炸彈已經從M手上轉到N手上了。

問題是接到這個炸彈的學生N。他或她可能會自我暗示「這只是暫時保管而已」，多數的情況還是會原封不動地交給老師。然而——

「老師，M先生來了，還拿來了這個。」

「這樣啊，不過拿給我也不知道怎麼辦，就讓大家吃掉吧！」

老師這樣回應後就完蛋了。這下糟糕，奶油炸彈就快要爆炸了！依據情況，很有可能只好就這樣放在研究室的桌子上，直到保存期限到了為止。（以防萬一我順便說一下，我很喜歡奶油夾心餅乾喔！）

這個故事的重點在於，「現在的年輕人會盡可能地不想自己做決定」。尤其是會想要避開可能涉及到別人意思的決定，害怕之後會被別人說些什麼（但實際上也沒有人會說什麼）。

在本書裡，已經提及「好孩子症候群」這個詞很多次了，但還沒有好好地說明過其特徵，所以我想要在此說明一下。

我在二〇二二年三月出版的《請不要在大家面前稱讚我》（先生、どうか皆の前でほめないで下さい）一書中，已藉由各種故事及資料來說明了何謂好孩子症候群。其特徵可以簡單地敘述如下——

「患有好孩子症候群的年輕人」行為特質（其一）

- 老實認真。

● 一對一的應對很確實。

● 第一眼看上去，充滿爽朗、年輕人的感覺。

● 具有合作性。

● 會好好地聽別人的話。

● 會準確地做好被吩咐的工作。

由於這樣的行為特質，近來的年輕人經常被評論為「老實的好孩子」、「認真的好孩子」。而這樣的態度，使得幾乎每年春夏之間，都固定會出現很多「今年的新進職員很優秀啊」的傳聞。

然而，他們同時也還有著如下的行為特質——

「患有好孩子症候群的年輕人」行為特質（其二）

● 不談論自己的意見，也不提出問題。

- 絕對不「強出頭」，一定會待在某人之後。
- 在學校或職場上，基本都會與他人同進退。
- 上課或開會時會隱藏在後頭，形成集團。
- 為了不擾亂現場，會隱藏真實的想法。
- 不會到最後一刻才給出壞消息。

由於伴隨著這樣極端消極的態度，儘管「老實又認真」，但還是會給人難以理解的「不清楚在想些什麼」、「感覺沒有自身意志」的印象。

「好孩子症候群」與「消極」年輕人之不同

由於接下來這一點是「好孩子症候群」的一大特徵，所以我想要再強調一下。

一直以來，都有消極、缺乏獨立性的年輕人存在，他們跟「好孩子症候群」的情況有什麼不同嗎？

其不同，就在於角色是否容易理解。

在過去，消極的年輕人並不常表現出符合「行為特質（其一）」的行為。只要看到很安靜、缺乏溝通能力的情況，馬上就會知道了。

但是現在的「好孩子症候群」則不一樣。他們乍看之下彷彿積極的年輕人，懂得合作、也看得出有（表面的）意願。

年長者會為此所欺騙，所以才會說出「今年的新人很優秀」。

那麼，為何現在的年輕人會有這麼難以理解的行動呢？其中隱藏著什麼樣的心理作用呢？簡單來說如下——

「患有好孩子症候群的年輕人」心理特性

- 不想讓自己引人注意，只想當百人裡的一人就好。

- 總是在考慮，如果自己說了奇怪的話而被注意到該怎麼辦。
- 覺得當著他人的面被稱讚會有「壓力」。
- 想要與他人並列，不想要出現差距。
- 不想由自己來決定（希望由大家做決定）。
- 害怕他人對自己的情緒或感情。
- 對自己的能力沒有自信。

例如，在日本大學的課堂上即便問了「有什麼問題要問的嗎？」現在的大學生也不會有什麼反應。這是因為如果只有自己有反應，會變得很顯眼的緣故。

如果你在課堂上，稱讚了一個學生，之後甚至可能會被告知「請不要在大家面前稱讚我」。基本上，由於他們的自我肯定感很低、對自己也缺乏自信，所以對於在別人面前被稱讚，會感覺有「壓力」。

這些年輕人認為，在集團當中被稱讚，別人對自己的評價就會增加，並有所期

圖表8-1　對「你想在許多人面前被稱讚嗎？」問題的回答結果

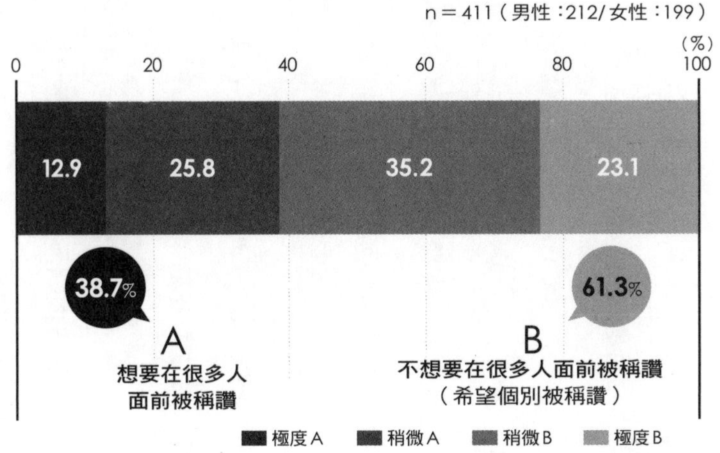

引自：SHIBUYA109エンタテイメント「Z世代の仕事に関する意識調查」

待，甚至可能會被託付一些事。對於自我肯定感低的年輕人而言，這是很可怕的。

我有位朋友長田麻衣實際做了問卷調查，來統計年輕人對於「在大家面前被稱讚」這種行為的評價。

結果就如圖表8-1。成為樣本的集團，是居住在日本首都圈範圍內的十八～二十六歲男女社會人士共四百一十一人，其中約有六〇%的年輕人回答「不想在很多人面前被稱讚」。

限定在首都圈範圍內這一點，雖然會導致抽樣偏差，然而相反地也能得知，即使是在直覺上好孩子症候群較少的首都圈年輕人當中，也只有不到四〇%的年輕人會希望在別人面前被稱讚。

面對現今年輕人的這種特徵，有些人對我說：「這是非常大的問題啊！」或問：「這應該要如何解決呢？」

從拙著出版以來，每次在接受訪問時，幾乎都有這樣的問題。

但是，我自己並不認為年輕人們的「好孩子症候群化」是種問題，在說話的時候也很留意不要讓人有這樣的印象。

好孩子症候群，說穿了也只是在目前的年輕人裡，大約有一半的人身上可以見到的心理特徵，它本身說不上好壞。從他們個人的角度來看，這也不過是為了要追求自己的幸福所採取的行動而已。「好孩子症候群化」是種社會現象，用「日本社會的問題」來描述絕對是不適當的。

非要說的話，我認為這或許是現在的年輕人們的**「自我保護反應」**。

「獨一無二量產型號」的自我矛盾

與好孩子症候群的年輕人們談話時，經常會被這樣問：「可以說不僅年輕人，所有的日本人也都是這樣嗎？」

沒錯，就是這樣。

只是，重點在於他們比過去的年輕人變得更難以理解了。以前年輕人的特質，是相較容易理解的，會以某種形式呈現在表面。個性灰暗／個性開朗的區別當然是其一，其他像是興趣或其他個人領域的生活風格等，也多少都能夠預想得到。

預想得到的話，對於年輕職員們的管理就輕鬆多了。例如：「她好像很適合這個部門」、「這個工作他或許能做得來」這樣的感覺。

而且，就算預測不準的時候，（當初）也還有著能夠說：「啊～！是這樣子的嗎？」的氛圍存在。

現在就不一樣了。大家似乎都很爽朗、溝通力也很高。

表面上能夠觀測得到的水準，很明顯地都提升了。

往好處說，這是人才方面品質的提升。也就是企業——特別是人事部門的人們全都表示「近來的年輕人都很優秀」的根據所在。

往壞處說，量產化正在進行當中。雖然是量產，但產出的並不是什麼普通角色。「你並不是其他的誰，你是獨一無二的存在喔」、「你的經驗或體驗，不僅對你自己、對這個國家來說都是非常寶貴的」，這個世代就是像這樣被確實地教育成長的。

我認為這是很重要的一點，所以我會很堅定地強調。

我至今為止的看法是——現在的年輕人多數都是**「量產出來的」「獨一無二的存在」**。把這兩種互相矛盾的概念組合起來活著，就是現今年輕人的專長。

他們不停地被教導說，不可以跟周遭的人一樣、個別的寶貴體驗才能讓自己成為獨一無二的存在。而事實上，在求職的過程中，也會不停被詢問：「你跟旁邊的人有什麼不同？」、「不選擇旁邊的人而選擇你的理由何在？」

即使如此，他們對於與別人不同的自己還是缺乏信心。所以無法放棄留在平均值附近的那種安心感與穩定感。

帶著如此矛盾所得出的形態，就是「量產型號」兼「獨一無二的存在」了。或者更應該說是貼著獨一無二存在標籤的量產型號吧！

現在的年輕人，扮演著非常困難的角色。

代表性的例子就濃縮在「實習」這個與企業的第一個接觸點上。

「集章活動化」的求職實習

求職實習在這幾年間的日本快速地普及開來。然而，對此抱持著「這真的會有效果嗎？」疑問的人也並不少。

我以前在網站上刊載過一篇題目為「求職實習就是場『收集紀念章活動』」的文章，收到了許多回應。

依據「Mynavi公司（マイナビ）二〇二四年大學畢業生求職實習、求職活動準備狀況調查」，預定在二〇二四年三月畢業的日本大學生或研究生約一千八百人當中，在二〇二二年十月時，參加過求職實習的學生約有八七．六%。

平均每個人的參加次數是五．七次，雖然是在因為新冠疫情導致景氣回升緩慢的情況下，但參與率或參與次數都再次上升。

有這麼多數的學生參加了多數的求職實習，接受實習的企業一方也很辛苦吧？求職實習可以說就是在體驗工作，想要應付大量的學生可沒那麼容易。

我是這樣想的，但情況並非如此。

根據同一份調查，想要參加求職實習但沒能如願的學生，約僅占五．七%。這五．七%的學生之所以沒有參加的理由，是因為他們並未通過選拔或者是沒有被抽中。

然而即便如此，粗略估算仍有五十萬名求職的學生，平均每人參加五次以上的企業實習，這樣的機制到底是靠什麼樣的技術撐起來的？

從參加過的求職實習時間（長度）來看，最多的是半天、有七四・四％，其次是一天、有六七・一％。

另外，參與的形式是「僅有網路」為三二・二％，「說起來主要是網路較多」為三八・六％兩者合計為七〇・八％。

簡單來說，大多是在半天或一天裡結束，以線上為主的工作體驗。這就是現今日本求職實習的主要型態了。

可以說呈現出了如同集章活動般的工作體驗的樣貌。

附帶一提，面對「參加求職實習，覺得自己有產生什麼變化嗎？」這個問題，以五八・一％居於回答首位的是：「瞭解了職業適合度，知道什麼是自己適合或不適合的工作。」

藉由「半天或一天就結束、以線上體驗為中心」這樣其實很充實的職業體驗，讓自己能夠判斷出適合、不適合自己，已經是很好的結果了。

想要知道職場是否「氣氛良好」

另一方面，在學生就業支援中心公司（株式会社学生就業支援センター）所做的「二一三年畢業夏季求職實習參與學生追蹤調查」當中，關於求職實習「能否得知想要知道的事情」這個問題，有七一．五%回答「沒辦法得知」。

我覺得這部分的調查，展露了更直率地表達意見的結果。

在這項「明明想要知道，卻無法得知的事情」裡，最多的是占三五．一%的「職場氛圍」。而且，這項「職場氛圍」裡關於「覺得良好的場景」是指「職員們感情很好地在談話」。

關於這一點，我在平常與學生們接觸時也經常聽到。當詢問「昨天的求職實習怎麼樣啊？」回答當中最常出現的就是這項「氣氛評價」了。

「職員們是否感情很好地在談話呢？」即便是在網路形式的求職實習裡也能夠做出判斷。透過螢幕看到職員們感情很好地笑著談話的情況，學生們會告訴我：「昨天的公司，氣氛感覺很好！」

我問道：「具體來說是怎麼樣的？」

學生回答我：「有個像上司的人，在螢幕另一邊吃著飯糰，然後他的部下就開他玩笑『部長！你是在吃什麼啊！』（笑）」

啊，是這樣啊！

不過，在求職實習時想要知道的事情是「有良好氣氛的職場」，這樣真的好嗎？你究竟是為什麼去參加求職實習的呢？我不禁抱持著這樣的疑問。

另一方面，根據先前提到的Mynavi公司的調查，對於企業方來說，求職實習的問題最常見的是「參與的學生人數太少」。而做為其對策的「營造讓學生可以放鬆的氛圍」票數則大幅度增加。

也就是說，企業方也很清楚自己必須要面對「評價氣氛」的這個情況吧！「重視氣氛的工作體驗」這一傾向，似乎暫時還會持續下去……。

大家都參加五次，所以我也要參加五次

以上許多內容讓腦子變得有些混亂了，所以稍微來整理一下吧！

在這數年間，日本求職實習的參加人數有明顯增長的趨勢。尤其是大學三年級的學生，幾乎全體都會參與。

次數平均是五～六次，其中多數都是一天結束的類型。

我對於資料當中並沒有的一件事有點在意，所以我也做了些調查。

我在意的是「為什麼是五次呢？」這一點。

結果，幾乎所有的回答都集中在以下兩點。

「因為其他人大概也都是這樣」以及「因為暑假的長度或是打工的關係，所以這樣的程度剛好」。

等一下喔！

本來求職實習的目的，應該是想要確認自己適合什麼、發展自身的能力或檢視自

己的能力才對。

若是這樣的話，應該會依此來考慮參加的次數才對吧？但卻沒有人談到這個。舉例來說，應該要像是「因為我對於自己的溝通能力不太放心，所以集中到業務類的五家公司去」，或是「由於我在這兩個業別中有所猶豫，所以分別選了三家公司」這樣。照理說，出現這樣的理由並不奇怪吧？

然而實際上的求職實習，對於學生們來說已經可以說是種義務，也是種例行公事，由於「在預先選拔中被刷下來就結束了」的緣故，這同時也成為了有配額的、必須參與的類似收集紀念章的活動。

因為同學們大多都參加了五次，所以我自己也要參加五次。聽說其中一次選擇參加長期的實習比較好，所以我自己也有一次選擇了一週以上的實習。

明明是為了個人而設計的求職實習，不知何時起卻呈現出了如同工廠輸送帶的樣貌。這真的很適合以成為獨一無二的存在為目標的量產型大學生們啊！

招募人才從「數量」轉向「品質」

很抱歉，我已自爆了許多的雷。如同各位所察覺的，我對於現在求職實習的做法，採取的是極端批判的立場。

不僅只是次數的問題而已。

學生的目的是重視「氛圍是否良好」；而企業方為了招募學生也努力地「創造能夠放鬆的氛圍」。

這樣的內容問題很多，用一句話來說，就是「閃閃亮亮、令人雀躍的表演」＆「當成客戶招待」很厲害。業者計劃讓參與者能獲得一些樂趣與滿足感，而實際上學生們也會在結束後表示「啊，好有意思」。

透過體驗工作，瞭解企業真正的模樣。

與學生接觸，透過學生視角來重新檢視自己的工作方式。

這些目的到哪裡去了？

企業人事部門的各位先生女士，真的這樣子就可以了嗎？

湊齊數量就這麼重要嗎？

對於滿意度調查的結果就這麼在意嗎？

各位也是邊想著「好像哪裡不太對」，邊執行著的吧？

只要是直指其本質，就不用擔心會造成字面誤解，我也想要明白地說出自己的想法來。

我認為針對大眾的規劃並沒有意義，當然我也不是說這就沒有必要了。

只是，現今的日本到處都在努力招募年輕人才，這種像表演的競爭正在淪入惡性循環。如今，行政單位、學校、警方、醫院等公家機構也都加入了這場競爭當中。

出於這樣的想法，我的提議是從**「數量」朝著「品質」做轉變**。

當然，最低限度地對於大眾傳達吸引力很重要，確實地發布正確資訊也非常重要。因而在繼續進行這些時，應該要花費更多的時間來思考，怎麼做才能讓一個人獲得共感？怎麼做才能讓一個人遇見其想要尋找的目標？

要不要試著考慮這些呢？

屆時，你會被問到的就並非公關策略或是表演節目的技巧，而是以下的問題：

你喜歡現在的工作嗎？

你能說得出有多喜歡現在的工作嗎？可以說嗎？

對各位學生來說也是。

那樣的求職活動，真的對將來有幫助嗎？

這樣子為你提供「服務」的企業可以嗎？

在年輕人手不足的現今，企業好像或多或少都在「表演」的這一點，你應該隱隱約約也察覺出來了吧？

我能夠充分理解，你會想要加入給你第一印象是笑容滿面、溫和對待你的人們。然而，僅僅這樣就決定是不行的，你應該懂吧？

差不多該醒過來了。

這跟學校社團在招成員是不一樣的。

我認為，沒有隱瞞、願意展現出實際情況的企業，才是你應該認真對待的企業。至於充滿閃亮元素的娛樂型求職實習，不妨就給個最低等的評價吧！

求職活動是一生一次的事情。請務必重視與他人的相遇。

過於表面的相遇，就無視它。娛樂靠著其他的手段取得已經很充分了，在那個表演出來的場合裡什麼都無法獲得，這一點你應該已經瞭解了吧？

越是不流於表面的相遇，就越會問到關於你自己的問題。

越是重要的相遇，就越要面對自己——請珍惜這樣的機會。

第九章

對現在的年輕人來說，「理想上司」是什麼模樣？

Q：曾經接受過來自年輕人關於直屬上司的諮商？

取自：作者「101ヒアリング：人事担当者編」

N＝39

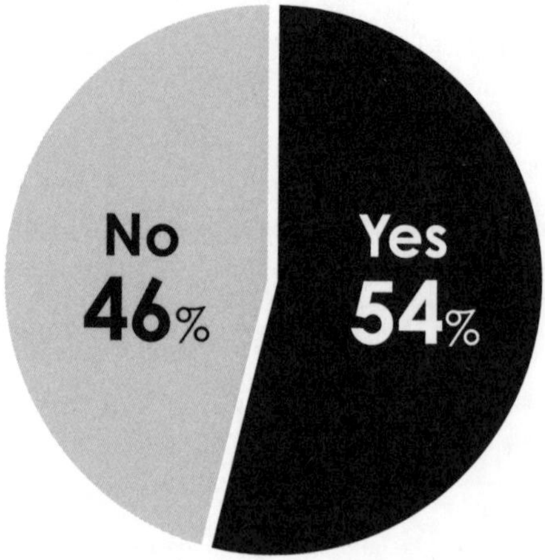

受二十歲世代歡迎的「能給出具體建議的上司」

在本章裡，將以「部下對上司的期待」為主題。

關於這個主題，已經有許多調查單位都曾取得並發表了各式資料。因此，本章將會引用很豐富的資料，我也會加以解釋說明。希望各位讀者能夠參照著各種解釋進行閱讀。

首先從新冠疫情以前的資料看起吧！圖表9-1，是en Japan公司（エン・ジャパン）於二〇一九年時所進行，關於上司與部下自覺性調查的結果。這份調查是以使用該公司「en轉職」服務的一萬一千多人為對象進行的。

同一份調查裡經常會被拿出來討論的，是「以藝人為例，理想的上司類型」。所喬治先生與天海祐希女士都經常名列前茅。由於這項調查每年都會進行，所以只要追蹤其變遷，就能夠看出各世代理想中上司的模樣。

只是這個關於「理想上司會像哪個藝人」的分析，可能帶有一點陳腐感（反而能

圖表9-1　對於上司的期望（可複選）

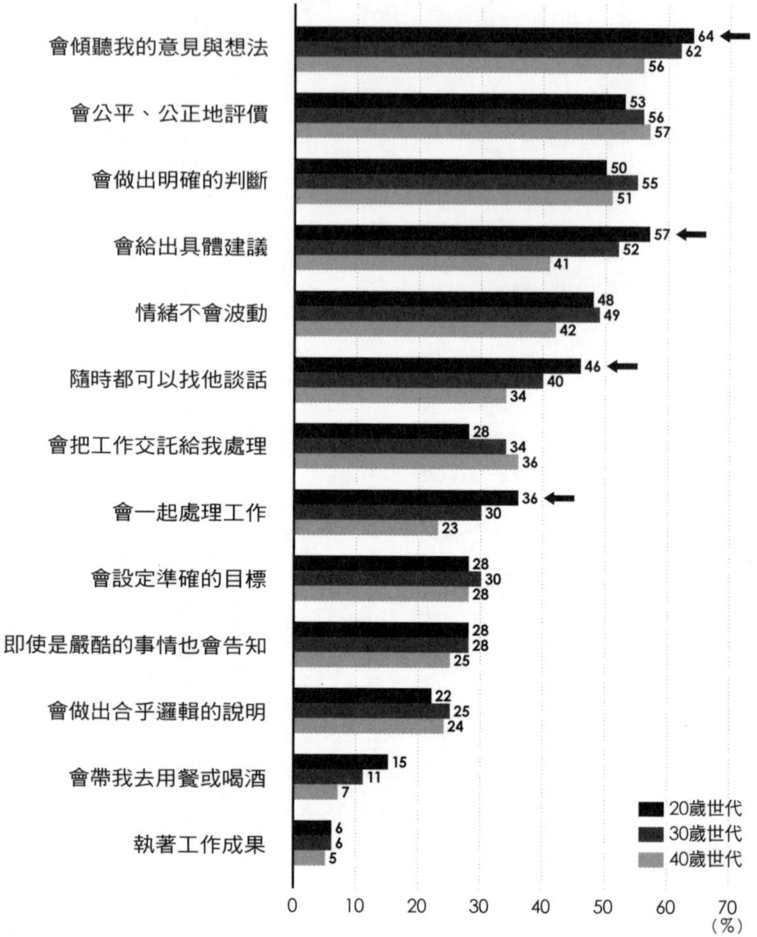

引自：エン・ジャパン「1万人が回答！『上司と部下』意識調査」

因此增加想要使用我的觀點來觀察的人，這也算是件好事），所以這裡要從別的角度切入，改問的是：「你對於上司的期待是什麼呢？」

這項資料把世代區分開來發表，這一點很有意思。因此，我把箭頭放在按世代劃分的分數差距較大的部分。

在圖片最上方，從二十歲世代到四十歲以上世代的票都有拿到的，是「會傾聽我的意見與想法」的上司，尤其以二十歲世代的支持者最多。

有意思的就是從這裡開始，二十歲世代次多的是「會給出具體的建議」的上司。而這一項在三十歲世代裡排第四位，在四十歲世代裡則是排在第五位。同樣地，「隨時都可以找他談話」與「會一起處理工作」在二十歲世代裡也很受歡迎，但與先前的世代之間則有著較大的差距。

相反地，「會公平、公正地評價」與「會把工作交託給我處理」是在四十歲世代中排位比較高的。

「執著工作成果」的上司不受歡迎

或許你會認為包括「會把工作交託給我處理」在內，諸如：「會設定準確的目標」、「即使是嚴酷的事情也會告知」、「會做出合乎邏輯的說明」等，這些與工作表現或成果直接相關的項目，在已學會工作的三十、四十歲以上世代會更受歡迎，但事實並非如此。比起這些，「會給出具體建議」、「情緒不會波動」才是較受歡迎的。

從與成果直接相關的項目來看，如同其字面意義的「執著工作成果」這個項目，竟然是所有世代的選項中最低的一個。整體來說每一百人裡只有六人選擇了這個項目。（儘管設定上是可以複選的！）

連對於解析「好孩子症候群」的我來說，這也是非常讓人驚訝的。會讓我覺得：「那不執著成果的工作是什麼樣子？」、「這樣工作還有意義嗎？」然而這就是實際情況，如今在日本還執著於工作成果的上司，才是最不受歡迎的類型。

很抱歉反覆地告知各位，這個傾向是不分世代的。一般來說，在立場上必須執著於成果的人，就是領導者了。然而現在的年輕人不想晉升，甚至連當個科長都不願意。在我的調查裡也顯示他們**「最不想擔任的角色就是領導者」**。

成為領導者就必須要在意成果，而且同時會成為最不受歡迎的人。對於不管做什麼都很在意旁人目光的亞洲人來說，是絕對不會想要成為的角色。

如果還是必須要選出領導者的話，那問題就在於是否能夠給出與其心理負擔相當的激勵了。然而在現今的日本，能充分準備好如此激勵的組織，我還未曾見過。

基於這樣的實際情況，我是如下這般揶揄現今的日本社會——

- **最好是靜靜待著。**
- **「裝不會」、「裝忙碌」的表演競賽。**
- **選擇「不做」是合理的／去做的人就輸了、說出來的人就輸了。**
- **零功績社會。**

關於這樣的狀況，太田肇先生在《最好是什麼都不做的日本》（何もしないほう

が得な日本）裡已做了整理，真的是很有意思（他說的確實沒錯）。

會為了部下動起來的上司、前輩人氣上升

對現在的年輕人來說，理想上司形象是什麼模樣的呢？接下來，要從其他的資料來進行解析。

下一份資料，是日本能率協會（日本能率協会）的「二〇二二年度新進職員自覺性調查」。這項資料的最大特徵，就是以新進職員做為調查對象。

在資料裡，針對「你認為理想的上司或前輩，是什麼模樣？」的統計結果如圖表9-2所示。

這個圖表很有意思的地方在於它包含歷年來的變化。能夠看到在這十年間，哪個時間點的新進職員究竟是如何想的。

首先看到的是，不管在哪個時期「會仔細指導工作」的上司、前輩都位居第一。

圖表9-2　理想的上司或前輩（可複選前三位）

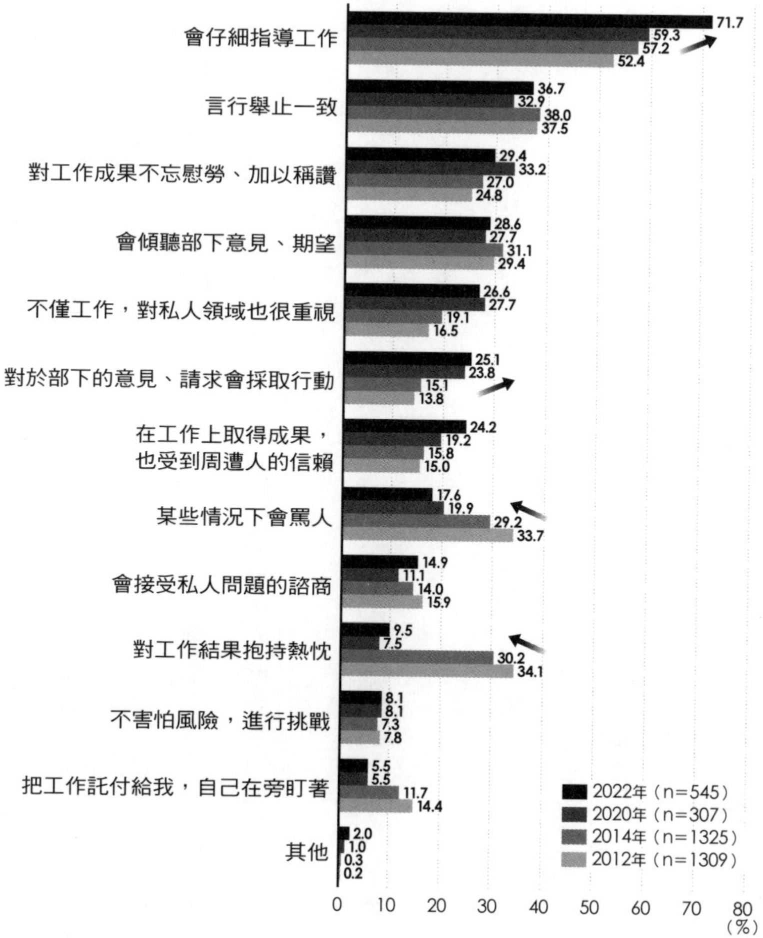

引自：一般社団法人日本能率協会「2022年度 新入社員意識調査」

而且在這十年間，這個比例可能還增加了近二〇%。到二〇二二年時，每十人當中就有七人認為這就是他們心中理想類型的上司。而這樣的趨勢，也是我主張「現代年輕人等待指示的傾向更為明顯」的原因之一。

我把其他出現一〇%以上明顯變化的項目，都在圖表中用箭頭標示出來。除「會仔細指導工作」之外，另一個快速增加中的就是「對於部下的意見、請求會採取行動」。如同所看到的，幾乎是倍增。

該怎麼說呢？如果開始討論這一點，好像會引發爭執啊！（所以在這當下，我有點猶豫是不是要這樣寫下去……）

「會對部下意見採取行動」啊，如果是「會聽取部下意見」的話就還好……。

附帶一提，「會聽取部下意見」的上司、前輩確實存在，而且比「會仔細指導工作」的上司、前輩排位高出兩位。但這一項在這十年間有些微減少的趨勢，或許很快就會被「會對部下意見採取行動」給逆轉了。

很快地，上司或前輩不再只是聽取狀況就可以了。不採取行動就無法回應部下期待，這樣的時代或許即將到來。

不崇拜「對工作結果抱持熱忱的上司」了!?

（總算是）重新打起精神了，也來看看那些反而出現減少趨勢的項目吧！

在這十年間減少最多的項目裡，有「某些情況下會罵人」這一項。十年來大約減少了一半。

光是這一點就很有意思，然而正更快速降低中的則是「對工作結果抱持熱忱」。這個項目，在二〇一二年時受到的支持讓它居於第三位；然而在二〇二二年時卻排在第十位，究竟發生了什麼事呢？

其實這個結果，與在圖表9-1裡居於最下位的「執著工作成果」情況類似。上司對於工作結果抱持熱忱，不知為何竟被現今的年輕人敬而遠之到這種程度。

有助於解釋的關鍵詞有「高度自覺性類型（那一類的）」、「壓力」、「安穩」等。

如同各位所知，從以前開始，抱著高度自覺活動的人們，就常被用「那一類的人們」等方式來指代，這個做法表現出了他人想保持距離的傾向。他們是與自己處在不同世界的人們，當這樣的人成為上司或前輩時，自然就會對自己產生「壓力」。而這與「安穩」職場的需求正好相反，所以就成了應該要保持警戒的對象。

另外一個希望各位留意的重點是，成為最下位的「把工作託付給我，自己在旁盯著」。由於這一項的支持率本來就很低，所以看不出有什麼大變化，自二〇二〇年以來，新進職員認為這是理想上司、前輩模樣的，每一百人裡只有五人而已。

「會仔細指導」的上司支持率約為七〇%；「託付給我，自己盯著」的上司則為五%。具有「總之就交給你了，接下來我不會插手」這種匠人特質的上司，恐怕已經成為了瀕臨絕種的少數了（正確來說也不是瀕臨，應該說已經絕種了才對）。

另外還有個小細節，包含著「稱讚」一詞的「對工作成果不忘慰勞、加以稱讚」這個項目，雖然原本逐漸在增加，但在二〇二三年時卻突然出現了降低的趨勢，這一點也很有意思。

要以「朋友般的上司」為目標嗎？

接著來看SHIBUYA109 Entertainment（SHIBUYA109 エンタテイメント）的「Z世代工作的自覺性調查」的資料（圖表9-3）吧！

問題本身還是如同先前的調查一樣都很簡單。其中詢問年輕職員關於理想上司的模樣，有趣的部分在選項上——甚至還有著「感謝你的傾聽」這樣的選項。

排名前兩位的，就如同先前看到過的。分別是「會用容易理解的話語來說明」及「會仔細教導」。

「有領導力」及「受人尊敬」的排名雖然位於中段，但假使是在看調查結果之前先看到這個選項的話，我可能會說：「有這麼直接的選項，全體都會選這個吧？」（畢竟，你不覺得受人尊重才是最強的類型嗎？）

接著把目光轉向排名較後的部分，會看到「會能像朋友般互動」及「頻繁地邀請聚餐」。現在看到這部分而被震驚到的人，應該還不少吧？

圖表9-3　對你來說理想上司是什麼模樣？（可複選）

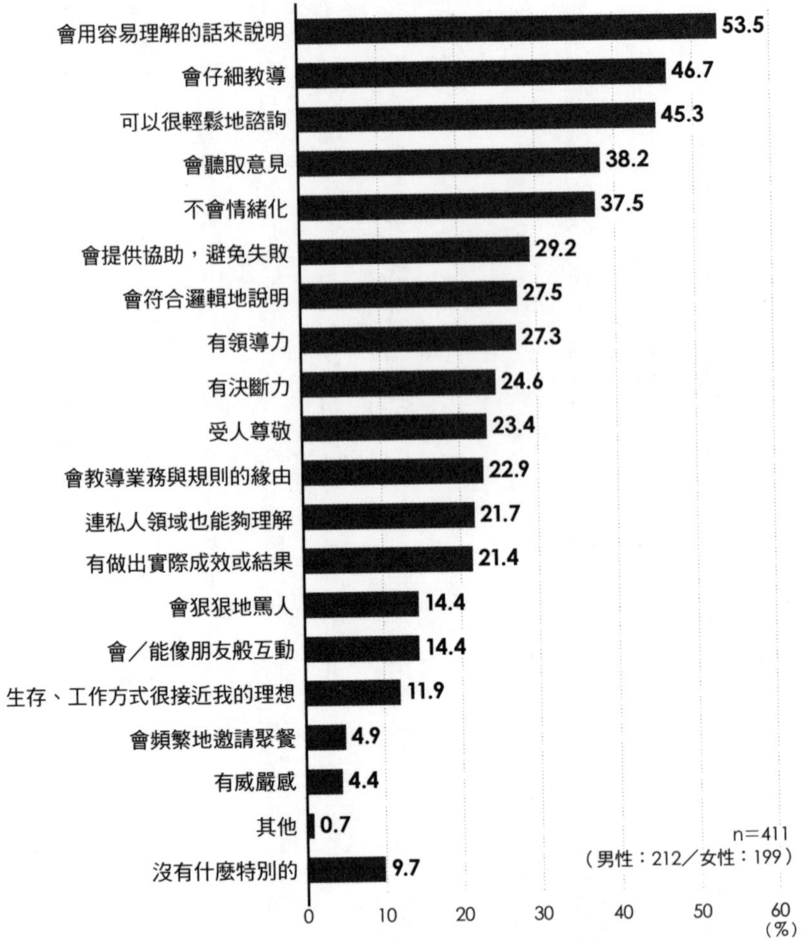

引自：SHIBUYA109 エンタテイメント「Z世代の仕事に関する意識調査」

最後，總結以上的內容，就已經可以對現在新進職員心目中的「理想上司、前輩的模樣」作結論了。那就是——

①會仔細地教導工作。

②對於年輕人的意見或請求（不是聽取而已），會自行採取行動。

③無論什麼狀況，都不會罵人。

④對於工作的結果，不會抱持著絕對熱忱。

⑤把工作丟過來後，不會只是在一旁盯著。

⑥不會像朋友一樣說「走，去吃飯吧」這樣的話。

大致就是這樣的吧……（再怎麼說，這都不是我講的，而是這些資料說的）。

第十章

範本化的公司內部新進員工培訓

Q：公司內部培訓，感覺「正趨於形式化」？
引自：作者「101ヒアリング：人事担当者編」
N＝38

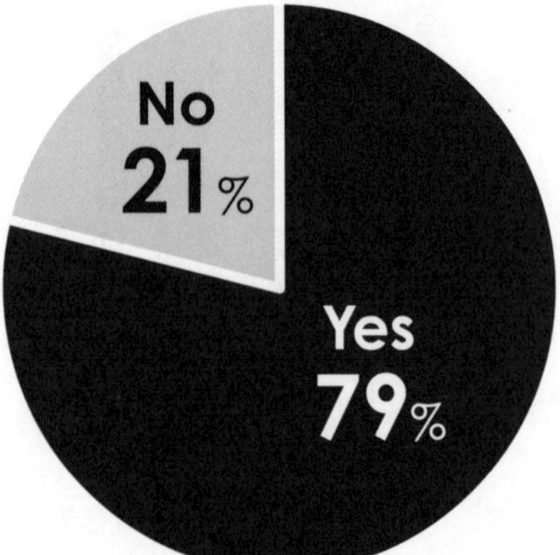

以所有年齡層為對象的外部培訓「目標」

公司內部培訓正在積極地進行著。

在大企業裡，提供了多樣化的進修機會，有全公司一起進行的、分部門各自進行的，或是以少數人為對象的舉手制（自願參加）各種類型。

其中，全公司統一進行的類型，通常都會依照年齡或職位來區分，例如：新進職員培訓或部長級培訓等等。相反地，舉手制的模式則比較粗略點，例如以「四十五歲以下者為對象」這般的感覺。

無論哪種培訓，我在某種程度上來說都曾經參與過。近年來讓我特別感到興趣的，是「以部門內全年齡層的職員為對象的外部培訓」。不但對全年齡的人都平等地對待，而且內容還相當地扎實。由於我對這部分很感興趣，所以花了半天時間取得了資料。

該目標部門是技術開發部門，轄下主要是研究者與開發者。

所謂扎實的內容是像下面這樣的——

通常，以研究開發為主要業務的職員們會外出，直接聽取一般人的想法、獲得開發新事業的提示。最低需要聽取的人數是八人，以小組進行聽取時，每組以一人來計算。所需時間為四小時，隔天要在調查結果的基礎上提出企劃案。提案的部分並非小組制，而是單獨進行。

最後單獨進行的環節，某種程度來說就是採取自我提案。

由於該部門從以前開始，就有著「在混合年齡層的培訓時進行小組工作，角色分配會隨著年齡而固定化，培訓便缺乏挑戰性」這樣的問題，因此他們願意聽取我對此提出的一些建議（我從之前就認為，想進行培訓就要單獨進行，雖然或許跟當前趨勢是相反的就是了）。

我對於這項培訓感興趣的地方在於，它是以全年齡層的員工為對象。

實際上，以年長者來說，他們對於培訓的內容可能相當地抗拒。要與八位一般人談話，有些人光是想到就會感覺很沉重。

相反地，對於年輕人來說，這樣的做法可能並不少見吧！

這也是這項培訓的目標之一——將通常被認為針對年輕對象的內容，特意推行到全年齡層的員工身上。藉由這種做法，展現出不分年齡、支持員工進行學習與挑戰的意圖。

部分年長者會感到抗拒的，正是此部分。「在體驗中學習」本來就不是簡單的事。

結果如何呢？這部分就留待後述了。

結果與預期相符的「為了培訓的培訓」

我想在許多組織裡，這類培訓都是以小組工作的形式進行的。尤其是以多個年齡層為對象時，這麼做能夠促進世代間的跨代溝通，而這也是培訓的目的之一。

我想若真的只是以「想要互相熟悉」的程度為目標的話，這樣做也是可以的；但如果想要真的學到什麼的話，這種程度的努力還並不足夠。

那是因為，如同事前所預測般地像範本一樣的對話，會沒完沒了地進行下去。

最常出現的範本模式是這樣的——

①宣布培訓開始後，首先年輕人會安靜下來，年長者會開口發言。接下來，在稍微整理狀況的發言之後，對年輕人提出問題：「〇〇先生是怎麼想的呢？」

②年輕人對於這個提問，給出了一個不引起反感、安全且很不錯的回答。

③年長者對於這個回答點頭並加以肯定，接著補充了有所不足的觀點。

④年輕人看似很信服地表示：「原來如此，我學到了很多。」

以下是對於這個培訓，較微弱的批評：

「的確，透過建立溝通可以達到彼此熟悉的程度，但是仍然無法建構出在雙方有困擾時能夠互相幫助的關係，不覺得這好像有點奇怪嗎？」

中等程度的批評，則是像這樣的：

「你覺得這個培訓，有獲得了符合所花費成本的成效嗎？的確年輕人或許得到了先前不知道的知識，但除此之外還有什麼成果嗎？」

如果要做出最大等級的批評，那就是像這樣：

「結果，不就是年輕人扮演年輕人、年長者扮演年長者的角色嗎？就是展現出符合這項業務框架所賦予的角色演技而已。年輕人維持著像年輕人的態度，知道這樣做能夠增加年長者的滿足感，藉由扮演好雙方被賦予的角色，就能夠平和地迎來這檔培訓節目的結束啊！」

以平安結束為目的的「嘗試&成功型培訓」

現在，就讓我們把這類容易陷入模板化對話的培訓稱為「嘗試&成功型培訓」吧！這類模式培訓的最大目的在於，讓培訓這項活動能夠不出問題、不引發網路負面聲量、平安地完成。

因而，沒有人會失敗，也沒有人會感到壓力，誰都不會學到太多事物，隔天之後也不會有任何改變。

在「傾聽101」裡，大多數人都認為「培訓」這項措施正在變得形式化。他／她們都說，只要培訓的目的是傳達正確知識，那就沒有問題。例如：業界相關法規有修正時所進行的培訓就是如此。不論接受培訓者是否有著很強的積極度，都沒有必要把這當作問題。

不過，有很少一部分的人事負責人，就連對這類傳達知識型的培訓也抱持著疑問。針對業界相關法規修正的培訓，也同樣成為其懷疑的對象。

關於法規修正的內容，當然有必要確實地傳達。然而，以培訓的型態來說的話：

「法規已經修正成這樣了。」

「我瞭解了，沒有其他的問題。」

其中疑問其實是在於，把「產生以上互動狀態」當作目標這一點。

原本，影響到企業的法規修正應該具有威脅，但也是種機會。然而，在培訓裡基本上往往都只著重在讓參加者知道「應對威脅的方法」。

我當然不是要懷疑這一點的必要性。部分人事負責人的疑問在於，培訓做為通知、傳達的起點，是否應該讓「要怎麼要抓住機會呢？」這樣的討論更加熱烈才對？

閱讀本書的各位，大多數人應該都認為「理當如此」吧！但與此同時，也會覺得「實施起來會相當辛苦」吧？這表示，負責培訓的人真的會很苦惱。

實際上，考量到要如何以培訓的形式來執行這些內容，便會發現培訓環節的不透明感一下子就增加了。不知道該如何搭配這些環節才能讓培訓順暢進行……，甚至連是否應該讓培訓順暢地進行都無法決定。

接受培訓者的不滿意度會增加，負責培訓的人說不定也會受到批評。

即便負責人覺得那樣沒關係，但又不能造成上司或其他人的麻煩。

而且由於是預設會出現混亂的情況，所以若不在事前先做好針對這些情況的應對方案並加以說明，這個企劃肯定無法通過上頭會議的審查。

嗯，還是不要做最保險了。就照一直以來的樣子，按往例辦理吧——！

即便有這麼多矛盾，結果，與預期相符的「為了培訓的培訓」依然會持續進行。

以真正學習為目標的「嘗試&錯誤型培訓」

這邊要先回到本章一開始的「研究開發人員的傾聽培訓」。

此處的問題在於，即便設定了會造成負擔（具挑戰性）的實習型培訓，當落實到小組工作時，終究會變成模板化的交流。尤其這種模式的培訓，年輕人會集中精神在心理方面的負擔上（有壓力的任務）。

如此計劃這般，聽取一般人想法的培訓，目前氛圍是傾向讓年輕人「做看看」。研究開發者要進行市場研究。而且要應對的並非定量化的資料，而是活生生的人。他們要自行由此管道獲取屬性資料、進行分析並應用到企劃當中。

光聽就覺得難度很高。就算是對資深職員來說，也不是件簡單的事情吧？想聽取一般人的想法，就會累積壓力。這的確是「嘗試&錯誤型」的培訓啊。

這項培訓的負責人認為，正是因為如此，要學習的東西還有很多。研究開發人員的使命是，種下各種創新的種子並加以培育。在此過程裡，無法估計將會承受多少壓力與失敗；而從人事單位的立場來說，也應該要分擔這樣的風險。他就是帶著這樣的使命感來推動的。

我尊重這樣的想法，並也獲得了請他讓我一同思考的機會。

因此，後來就要求所有的參加人員，要單獨地進行。

在高負擔培訓中也能提升成果的資深職員們

接下來，就來報告我參與過的結果吧！在過程當中，有些人在四小時內聽取了超過二十人的意見，也有人最後只聽取了三個人的意見。

這項培訓最給我留下強烈印象的，是隔日的企劃提案。因為，顯然年長職員們所提出的企劃品質更高。

首先，取得資料的方式很傑出。

想要進行聽取與訪問，會需要超乎想像的高級技術（我也多次向學生們傳達這一點）。如果不是曾經實際做過的人，絕對無法理解要在受限的時間內進行適當提問的難度有多高。這確實可以說是適合做為實習型培訓的素材啊！

在這當中，資深的一方在進行聽取前就已先準備了簡單但準確的問題。

在活用所取得的屬性資料方面，年長一方也展現了許多優秀的表現。

培訓中所進行的分析，即使是資深職員可能也未曾經歷過。雖然本來就是負責研究開發的人員，但自然科學與社會科學的資料分析方法並不相同，在屬性資料上，更是如此。

然而，他們至今為止見過的完成企劃數量不同一般人，而且所見過的未完成企劃數量更是不同於一般人。就事後所瞭解到的，在屬性資料的抽取與加工方面，看得出他們運用上了這部分的訣竅。

為什麼會有這樣的情況呢？

關於其理由，在拙著《創新的動機賦予——創業精神與挑戰精神之源》（イノベーションの動機づけ——アントレプレナーシップとチャレンジ精神の源）裡也做了一些說明。我自己正在研究年長者的能力，也發表過論文*，請各位參考。（如果要在此說明，光熱身就得先寫個五百頁左右吧！）

如果用一句話來說，那就是**經驗的「結晶化」**。部分年長者，將過去的經驗以自己的方法累積起來，也知道在什麼時間點該如何運用。雖然記憶力或資訊處理能力等會隨著年齡增長而減弱，但只要不懈怠地進行結晶化，那當遇到能發揮對於社會有益的創造性之情況時，表現是不會遜於年輕人的。大致來說就是這樣吧！當然即使是年長者，也有不少人表現得並不好，這肯定傷了他們的自尊。

＊註：金間大介（二〇二二）〈年齢と創造性の関係：企業における『アイデアボックス』を活用した実証分析〉，《日本知財学会誌》，Vol.17 No.366～76。

接著，是這項培訓計劃裡的另一個重點——

好孩子症候群特質很強的年輕人，會害怕失敗（尤其是害怕被認為已經做到了）。

正因如此，他們會盡可能避免有機會失敗的狀況（亦可以說是迴避失敗的動機或避免被拒絕的慾望）。

結果，挑戰的情況也會跟著減少（我認為年輕人的競爭環境，接下來也會持續地縮小）。

不過，對於堂堂正正挑戰但失敗的人，年輕人絕對不會認為他們令人遺憾，反而會傾向於認為這樣的人很厲害，並加以尊敬。

對此，我感受到了一縷光明。

人事部門面對的「新進職員培訓衝突」

這是與就職於某中型製造商的人事部門二十來歲女性職員，訪談後的結果。由於完全寫出來可能會洩漏受訪者身分，所以容我稍微做點編排。內容有些長，但希望人事業務負責人務必看看。

我將之分成兩個部分來敘述。第一部分是關於新進職員培訓的訪談，詢問的主要是以下四個問題。

Q1：目前在進行什麼樣的培訓呢？

最近正在增加體驗型的培訓。

今年邀請了外部講師，實施了為期兩天的團隊建構體驗培訓。內容是給予某項課題時，建立起怎麼樣的團隊才會有效？而此時又會直接面對到什麼樣的問題？針對這些重點，在實際體驗中進行學習。

Q2：新進職員的情況如何？

感覺他們對所被賦予的課題，都能夠確實地處理。這次雖然是關於團隊建構的培訓，但不管哪種培訓，他們都能很好地理解並投入其中。身為培訓負責人，看到這個樣子覺得很不錯，總算是鬆了一口氣。

Q3：你認為你面對的課題是什麼？

雖然我認為這不會只限於新進職員，但特別是年輕人們，讓自己符合框架的傾向是很強烈的，對於培訓這種框架也是如此。我對此的印象是，由於公司是以這樣的意圖在進行培訓的，所以也將會因而產生出這種結果。

拜此所賜讓我也放心了些……但另一方面，身為負責人，我也會想要破壞這樣的框架。

雖然這樣想，但真的要做時，卻又不知道該如何著手才好。總之就是先試著縮短距離，但我懷疑自己是否能夠做出更多的行動。

我想要一口氣破壞這個框架，「承受風險、能夠把他們逼到絕境般的培訓」好像也不錯吧？雖然有這樣的想法，但另一方面，我也有考量到「不應該這樣做，一旦做了他們或許就會辭職」。

這兩種想法之間頗為衝突啊！從這意義上來說，我自己也有著過度好孩子症候群的特質，感覺就像是在表演一起建立起來的新進員工培訓那般。決定好了要做的事情、目標也已經定下了，朝著這方向前進大家都會覺得滿意——似乎就是在共享這樣的感覺。

Q4：想要嘗試什麼樣的培訓呢？

我覺得如果現在的新進職員們，能夠有多一些能夠去關注、思考、瞭解自身的場合就好了。

例如：稍微會受點傷害的培訓，或是與同期同事認真地競爭等。我覺得有像這樣可以擴展他們可能性的場合會很不錯。現在的計劃，給我的印象就是已預先決定好了該怎麼結束。

一對一是為了前輩職員而存在的

接下來，要詢問關於一對一的部分，主要為以下三個問題。

Q1：貴公司有在實施一對一嗎？

為了進行人事評估，全公司每年會實施四次。執行者是以部長、課長為中心，雖然鑾早之前就開始實施了，但以正式措施來說就只做到這樣而已。

之後，會逐漸開始導入指導者制度。指導者制度對於職員的評價，好像會依據部門而有所不同。我認為業務、企劃與開發等部門能很順利地導入這個制度（要是這樣就太好了，如果夾雜著負責人的偏見還請見諒）。

距離製造更近的生產部門，則幾乎都是採取否定的態度。第一反應就是：「每天都有事情要做，為何還要特地分出時間來做這樣的事情？」被當成是「額外的工作」了。

一開始，我認為或許是工作性質的關係，生產部門的人本來就不需要指導者制度。然而，我稍微鼓起勇氣請求「如果是掌握不到意義或做法的話，請讓我也一起參加」，盡可能地讓自己參與其中。（這已經不算一對一了吧（笑）！）

Q2：有看到成果嗎？

不知道能不能算是種成果……，只是在我加入之後，變得慢慢地可以發揮出一些功效了。由年輕人一方開口談話的情況變多了，有部分前輩們也開始瞭解一對一的意義所在。還有人跟我說：「原來你所想的是這樣啊，應該更早點說嘛！」有個實際的例子，是進公司第四年的前輩與新進職員的案例。這個進公司第四年的人，原本並不是那種特別引人注目的類型，由於新冠疫情導致業務停擺，他的積極性也明顯地下降了。

此時，他在一對一時接到了來自新進職員的各種詢問。像是：如何看待業務量與遠距工作的平衡？居家期間有什麼事情是應該做的嗎？又或者：到公司也只能靜靜地吃飯很無聊，能不能出去外頭吃呢？之類的問題。

簡單來說，看到新進職員的態度，感覺讓這位前輩也慢慢地找回了自己的積極性。

我也曾經多次參與他們的一對一，在那位前輩回答提問時，看起來似乎頗為愉快呢！問題回答到一半，他還轉過來問我：「不對，等等喔！這樣不對，我重說一遍。〇〇小姐（就是我），這次的時間可以稍微延長一點嗎？」（笑）

Q3：對一對一整體，有什麼樣的想法嗎？

我自己雖然也遇到了一些困難，但我認為這能夠帶來良好的「學習與共享」機會。

我瞭解一對一或指導者制度的目的，在於跟進年輕人或新進職員。然而，從結果來看，我想「一對一是為了前輩職員而存在」這一點也很重要。

年輕人的學習，也能夠擴展前輩、上司的學習。我認為這將能進一步地拓展前輩或上司的可能性。

煩惱自己「好孩子症候群化」的人們

這位人事業務負責人，曾經讀過我的著作，說她「覺得自己的情況是處在好孩子症候群與自覺性高的中間位置」。

例如：大學時期不曾遲到、會好好地去上學；雖然坐在教室後方的位置，但並不是很喜歡這樣的自己等等。

然而，現在才要加入以自我實現為目標（看似如此）的人們，對此還是感到有些抗拒與緊張。

當自己一個人要開始做些什麼時，對此就更加抗拒了。

從當時的角度來看，現在的她在一家正經公司裡，在正經上司帶領下，正經地做著人事方面的工作——以這樣的情況來說也算是合格了。

然而與此同時，她想要改變這種情況的想法也很強烈。

這就與她對於坐在教室後方位置上的自己，所感受到的不協調感一樣——現在的自己究竟是怎麼了呢？

不過，當工作的時間到來，她便會考慮起風險問題。接著就很徹底地把這些想法給排除掉了。

我想，對於以上的描述，應該會有很多人事業務負責人激動地表示同意吧？以下是其他培訓負責人在傾聽101的調查中所說出來的。他表示在他們那邊所提供的新進職員培訓，或許會給新人們一些「藉口」。

「接下來也是，就照著先前做過的樣子來。即便事情進展得不順利，那也不是你的緣故喔！」

就是像這樣的藉口。

究竟，似乎會造成傷害的培訓，真的能做到嗎？

我能夠充分理解，在同期同事面前展現出「不正確答案」的羞愧感。

但這樣的經驗能夠促使年輕人成長，這一點我也很瞭解。

然而，如果是我自己的話，對於這樣的羞恥感肯定是無法忍受的。確實地提出「正確答案」、確實地傳遞給下一個人——雖然並不認為自己是特別優秀的，然而，卻也絕對不希望被認為是「有點讓人失望的人」啊！

這樣一想，最終可能就無法企劃出似乎會讓人受傷的培訓，而是安穩地採用結果將符合預期的「嘗試&成功型培訓」了。

大家會給這位人事業務負責人什麼樣的建議呢？

Part 3

為了此後也能與年輕人們共同前進

在第一部分裡，說明了關於「一對一」
的實際狀況與年輕人對於「一對一」的真實想法。
第二部分，則揭示了在職場工作的年輕人心理與行動原理。
做為本書總結的第三部分，
會承接第一部分與第二部分的說明，
就負責管理職務或擔任指導者的上司應該要做些什麼，
來討論具體的應對。
在「絕對正確答案不存在」這項大前提的基礎下，
如何加深彼此理解？
如何才能打造出可以愉快地拉近彼此距離的工作場域？
還請各位讀者們共同來進行思考。

第十一章

為了上司、前輩所寫的「回饋入門」

就像「沒有出現一個壞人」的戲劇

至此，我已在第九章裡描述了把「會逐步進行教導，並自行率先採取行動的上司」當成理想上司的年輕人們的態度；而在第八章與第十章裡，則與此呼應，充足地雕塑出了求職實習與新進職員培訓的樣貌。

另外，在我的傾聽101裡，我們看到原本應該是用來培育獨立性場合的求職實習與培訓當中，有沿著既定路線、把圓滿達成目標當成最優先的人事部職員，因為其身為有責任的公司一分子，再加上膽小而迴避風險的個性，讓自己陷入矛盾之中的模樣。

另一方面，也已很明確地知道，對於始終表現出會被視為「極致地善於接受協助」態度的年輕人們，並不能斷定就是「不好的」。

在第五章與第六章裡，對於年輕職員自己覺得無能為力、不得已只好利用辭職代理服務；只要陷入稍微比其他人慢一步狀態就會覺得不安；還有放棄（被認為）無法協助成長的公司等行為都做了解說。

年輕人們展現出了「把職場誤解成教育服務機構」的認知及行為，然而在其背後，卻有著由於對自己缺乏信心而運用演技與溝通能力理性地嘗試著守護自身，讓自己不會太突出、也不會太落後的一面。

在這樣整理過之後，感覺就好像在看現代的連續劇一樣，「連一個壞人都沒有出現過」。

明明就連一個壞人都沒有，為什麼會接連出現諷刺的悲劇呢？想要系統性地解決這樣的悲劇，並非容易的事。

然而，我不想放棄。

經營者、教育者、研究者、政策制定者，以及所有在日本工作的各位，請把力量借給我。我想要不放棄地持續進行研討。

不過，那個角色並非是由本書扮演。

本書的立場，是徹底地貼近第一線的狀況。

如今，在第一線能夠做的事情應該很多。又或者應該說，有些事情就只能在第一線完成。

接下來，我要從自己的角度，以兩章的篇幅來總結出希望身為上司或前輩世代的各位能夠思考的事。

上司或前輩應最優先鍛鍊的技能

在本書當中，「回饋」這個詞整體來說已經不知道出現過幾次了。

接下來，我們首先考量的是——**明確地表達訊息，無須害怕誤解，直接明白地說出來**。

回饋是上司與前輩在日常的所有溝通裡，最應該要優先鍛鍊的技能。

不論在一對一時也好，還是在日常業務中也罷，回饋在所有場合裡都有著其重要的地位。

讓我們先從資料看起。

圖表11-1是以一般社團法人日本能率協會的「二〇二二年度新進職員自覺性調查」為基礎所製成的。它是處在部下立場的人們，就「為了提升（自己的）意願與能力，對於上司或人事單位有什麼期望？」這個提問，所回答的結果。

此圖表以從多數項目當中選出前三位的方式進行，橫軸表示其占所有回答者的比例（%）。

結果如同所見，「對於成長或能力定期地回饋」是領先許多的第一位。「工作與生活的平衡」、「職業生涯發展」以及「讓人安心的職場」等也都很重要，但「定期回

圖表11-1　部下為了提升意願與能力，對於上司或人事單位的期望（可複選前三位）

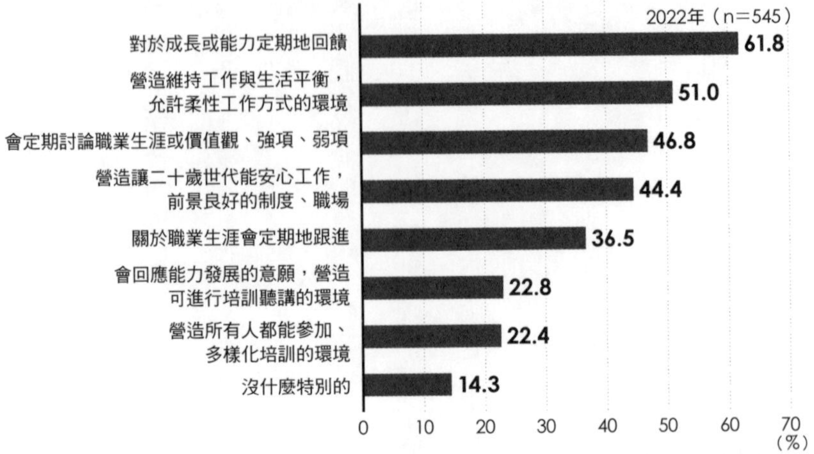

引自：一般社団法人日本能率協会「2022年度 新入社員意識調査」

饋」超過這些項目一〇%以上，成為了首位。

這個結果，以研究年輕人才的我看來，是非常合理的。我覺得提問與回答結果都很良好。

這是因為「工作與生活的平衡」或「職業生涯發展」，以及排名較後的「發展能力」、「多樣化培訓」等項目，都是由前輩世代所創造出來的。

比起這些對於年輕人來說猶如強加給他們（或者說，多管閒事）的概念，被問起「為了提升意願與能力」時，新進職員所回答的這個「定期性回饋」，絕對是更應該記住的。

我之所以認為日本能率協會的這個提問很優秀，是因為選項裡不僅僅是寫「工作上的回饋」，而是「對於成長與能力定期地回饋」。

附帶一提，在許多關於回饋的好書中，我尤其推薦中原淳撰寫的《回饋入門：傳達刺耳的事情，重新建立部下與職場的技術》（フィードバック入門 耳の痛いことを伝えて部下と職場を立て直す技術）。該書的內容是以公司內部溝通與社會人士學習過程的學術觀點為基礎，並包含了能夠立即實踐應用的提案。

接下來，就以金間風格的類比與理論性觀點來參雜著進行說明。

理想中的回饋是「遊戲」與「計步器」

我認為回饋的理想類型就是**遊戲**。

遊戲有著各式各樣的種類，而電腦遊戲是其中最強的。所以我真的認為，現代運用回饋的最強者，就是遊戲的開發者們。

遊戲有許多種類型，我的論點是——能夠從喜歡的遊戲類型，來推論出一個人的動機類型。

舉例來說，我喜歡「勇者鬥惡龍系列」，或者該說，我是被勇者鬥惡龍給培養長大的。我體內的三分之一是由勇者鬥惡龍的要素所構成的（剩下的三分之二是鋼彈系列與游泳）。

當時的畫面、音效等等，與二〇二三年的遊戲相比之下，都是很粗糙的。即便如此，還是讓許多的人迷上了。也就是說，畫質或音質這些要素並非是決定遊戲本質的因素。

為什麼人會那樣地癡迷於遊戲呢？

為了不玩遊戲的人，在此先提示另一個回饋的理想類型，那就是**計步器**。

我的理解很簡單。光是帶著計步器，單純的散步也能產生出不同的特性。帶著計步器，能得知步行的距離以及花費的時間——看似僅僅如此而已。

儘管如此，「試著再稍微走遠一些吧」、「試著走得更快一些吧」這些步行的動機也可能會往上提升。

明明就只是能夠計算步數而已，為什麼會讓人的步行意願產生變化呢？散步這項行為本身，是沒有必要去計算步數的。既然如此，那又為何會出現在手機的應用程式上呢？

要舉出類似例子的話，健身房裡的跑步機便是同樣道理。附有測量距離與速度儀器的跑步機與沒有這些儀器的跑步機兩者之間，多數的人都會選擇前者。這又是為什麼呢？

這個答案，也是在於「回饋」。

另外，有一種見解是說——計步器在提升步行動機的同時，多少也會帶走一些享受景緻的餘裕。這一點其實是很重要的，所以會另外討論。

回饋的理論性補強（心流理論篇）

各位知道米哈里・契克森米哈伊（Mihaly Csikszentmihalyi）這位心理學家嗎？乍看之下，他名字的排列方式感覺會讓人想起哆拉A夢裡的野比大雄（Nobi Nobita），但這位卻是用傑出一詞也無法形容的知識巨人之一。

包括我自己在內，眾多的研究者都是以他的研究結果與過程做為模範的（很遺憾地，他已經於二〇二一年逝世）。

契克森米哈伊研究了人類能夠發揮出終極專注力的狀態，並將這種狀態命名為**「心流」**（Flow）。他列舉出的「進入心流狀態」的條件中，便有「需要明確且即時的回饋」。

我先前提出的問題——人為什麼會癡迷於遊戲呢？——的答案，也能用心流理論來說明。

其原因就在於，遊戲畫面中會顯示出各種計量數字；對於玩家所進行的操作，也會透過視覺或聽覺的資訊，即時地回饋過來。

剛剛提到過「在現代運用回饋的最強者，就是遊戲的開發者們」，但在我的視野裡，他們所創造的並不是遊戲，而是個很優秀的回饋系統。

不僅遊戲，當周圍環境對於我們的動作有立即的回饋時，人們便能夠沉浸在這個世界裡。當人們如此感受到與周圍環境產生了一體感、並且感覺能夠掌控自如時，就會感受到強烈的「有能力」的感覺。

相反地，會破壞這個狀態的因素是連續進行單調行為所導致的**「無聊」**，以及對於周圍環境或事物失去控制時的**「擔憂」**。無聊也好、擔憂也罷，都是極為平常的用語，這邊特別用上括號，是為表示它們屬於重要的專業名詞。

我想各位應該也會想到許多事情，特別是「擔憂」。

面對自己感覺無能為力的事情，過度且過多的擔憂，會讓人處於完全無法集中精神的狀態。

「心流會讓行為人完全地投入活動中並且能順利地進行，而在那瞬間，該項活動會提供持續的挑戰。」（原文引自米哈伊．契克森米哈伊《愉快的社會學》＊。）

這是說明心流的一段優秀文字。

換句話說，是否也可以認為人們無法享受挑戰的原因，是回饋不足的緣故？工作或學習都一樣，只要能夠獲得正確的回饋，應該就會更加樂在其中吧！這個概念，被稱為**「遊戲化」**（Gamification），是許多人感興趣並正在推展研究中的領域。積極研究中的人雖然很多，但談到要讓其廣泛地普及到社會上，感覺還是少了一些力量。

遊戲可以說是深受全世界認同的一項日本絕技——這是個甚至把賽車模擬器都變成了遊戲的國家。

各位遊戲開發者們（以及還在成長中的各位），是否能為此做點什麼呢？是否能運用回饋的技術與創意，讓學習、工作都變成遊戲呢？能否請各位做點什麼呢？讓平日變成假日，假日則還是假日。

回饋的理論性補強（內在報酬篇）

要讓人們採取行動或是改變行動，運用外在報酬是非常方便的。現在的社會充滿了金錢、評價、認可等外在的報酬，要說人們就是被這些報酬所支配著也不為過。

一般人都認為，學習或工作基本上都很無聊，如果可以的話是不想做的。外在報酬就是為了能半強制地讓人去進行這類行為，它就像是「糖果與鞭子」般，發揮出強大的效果。

而另一方面，也有些行為是基於興趣、好奇心、成就感等所謂的內在報酬而生的。以此形式賦予動機的情況，稱為「內在動機」（Intrinsic Motivation）。透過心理學家愛德華・L・德西（Edward L.Deci）等人的研究，很快就讓其中的機制變得更加清晰。

德西等人是知名的內在動機研究者，而他們對於外在報酬的研究也提出了很

---

* *Beyond boredom and anxiety*, Jossey-Bass, 2000.

有意思的報告。那就是外在報酬的**「控制面」**（Controlling Aspect）與**「資訊面」**（Informational Aspect）分類。

先前提到的「糖果與鞭子」，就屬於外在報酬的控制面。所有具有控制他人這類機能的報酬，即便給予報酬的一方並沒有如此的意圖，只要接受的一方稍微感覺到這點，就可以認為是控制面在發揮作用。

感受到外在報酬控制面的狀況，就稱為**「過度辯證效應」**（Overjustification Effect），這有可能會導致內在動機減少。

換句話說，就是「在原本喜歡的學習中，加入入學考試這種外在報酬，最終變得討厭學習」的模式。

另一方面，資訊面指的是，更重視與報酬同時回饋過來的訊息。在這種情況下，報酬是附加於金錢報酬或稱讚等之上的資訊，是徹底的附屬性質。

諾貝爾獎的得獎者獲贈高額的獎金，然而並不會因此而變得討厭研究工作。反而會讓他們更加有意願透過研究或其成果來做出社會貢獻。

也就是說，強調資訊面的回饋，具有增加內在動機的效果。

把回饋理論「實際應用到社會」

我將從至今為止的討論中所獲得的訊息，統整如下——

- **為了提升自己的意願與能力，部下會希望從上司那邊獲得「對於成長與能力的定期回饋」。**
- **回饋的理想形式是遊戲。**
- **當周圍環境可以對自己的動作給予正確回饋時，人們就能沉浸在那個世界裡。**
- **控制面的回饋，有可能會減少內在動機。**
- **強調資訊面的回饋，有提升內在動機的效果。**

這些訊息本身是很清楚的，對各位讀者來說應該很容易理解才對。問題在於這些理論性訊息的「社會實際應用」上。

現實社會是極端複雜的，想要將理論性的知識推展運用，就必須要解決眾多的問題才行。

為此，雖然還在假設階段，但我想要根據上述理論的啟示，提出一個個人最為推薦的回饋案例。

最推薦的回饋案例（年輕人請不要看）

截至我撰寫本書的二〇二三年十一月為止，我所可以向各位推薦、最簡單能夠應用在現實當中的回饋如下：

「先前會議裡提交的資料的開頭，我覺得很容易閱讀、很好。那是誰教你的嗎？還是自己想出來的？」

為了理解這段句子的意義，並使其更有效果，請配合考量以下五個原則——

①要盡快做出回饋。

②回饋的重點要具體。

③稱讚的要素要使用以「我」當成主詞的形式。

④用很簡單的提問來結束。

⑤更頻繁地做出輕度回饋。

①、②、③、⑤是基於理論而來。尤其是①的部分，正如同目前為止的解說所描述，如果可能的話，**即時做出回饋**是最好的。

②是強調「資訊面」的回饋應用。我認為即便說資訊面，但要找到在實際情況中運用的方法，也是非常困難的。

因此，我建議把「資訊」這部分，進行「具體」的轉換。

舉例來說，假設回饋缺乏了這種細節性時，會怎麼樣呢？

大概是說完「剛剛的會議資料很不錯，不愧是你啊——」就結束了吧。在此，希望你能夠以年輕人的心情，試著感受看看。這樣的回饋，雖然並不多，但包含有「奉承」及「期待」的意義在內。換言之，就是「壓力」。

接收會感受到「期待壓力」的回饋時，有好孩子症候群的年輕人們幾乎一〇〇%會加以否定，例如說：「哪裡哪裡，才不是這樣呢！請別這樣說。」希望各位把這個當成不好的案例記下來。

回饋越具體，就越能夠聚焦在其內容上，並讓人覺得，可以直接地藉由這個回饋來創造下一次的機會。

③與②相反，是為了消除「控制面」的提案。

此處也是，如果反過來考量「不以自己當主詞的模式」，或許就會比較容易理解了。沒有了「我」或「認為」等用語，就不可避免地會產生「那樣做才正確」的語感，威壓感會很重。

④是我獨創的見解。請先把剛剛提出的回饋案例文，後半段的提問文字給刪掉，

或是單純地以「你辛苦了」做為結尾看看。

這樣，就不會產生後續對話。如果遇上了耿直的年輕人，讓他總覺得該要回應些什麼，便會產生奇怪的壓力。

在進行回饋時，只要記得「盡量簡單、且沒有壓力地對話」就行了。這就是為什麼我要用提問來結束。

這種程度的簡單提問，任誰都能回應吧？舉例來說，可能會獲得這樣的回應：

「是的，我是參考前輩們的做法，然後自己做了點修改。」

在這之後，試著再進行一次對話吧！

「是這樣子啊！我下次會拿來當作參考，謝謝。」

請別笑出來（或是稍稍微笑的程度就好），然後回以這樣的一句話。如此一來，就不會產生控制面的作用了。

覺得對方做得好，就告訴對方做得好。有學到什麼，就說聲感謝。

僅此而已。

接收到這種回饋，會讓年輕人認為「還好有努力做，再試著多想想吧」，對於自己的努力也會產生自信。

還有一個有效的回饋的原則。就是⑤「更頻繁地做出輕度回饋」。

如同字面意義，請盡可能具體且輕度、「數量多、頻率高」地進行。

要說實際上什麼樣的頻率才好呢？我的提議是**「兩天一次」**。

其實我認為每天進行也沒關係，但這樣或許會被認為太過刻意。再說得明白一些，就是感覺有點像在說謊。

我認為每週一次的頻率還是可以的，但是如果忘記了，或是因為出差等因素沒有傳達，就會忽然好像出現了空缺 似的。

所以，請記住理想來說是每週兩次左右，至少每週也要進行一次。

終　章

對上司、前輩世代的五大建議

Q：你認為自己能夠展現出年輕人被要求的獨立性嗎？

取自：作者「101ヒアリング：人事担当者編」

N＝38

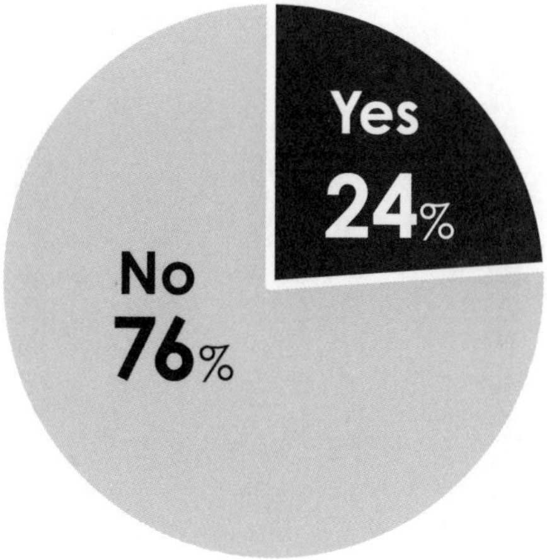

年輕人「假裝獨立」的理性原因

很抱歉，突然有個問題想請教各位。

假設你準備進行某個很重要的展示活動。你從信賴的前輩那邊獲得了「下次的展示活動，比起邏輯，展現熱情會更重要喔」的建議。

那麼，你會如何應對呢？

事實上對於這個問題的回答，可以歸納成以下四種——

①因為熱情的表現是自己比較擅長的領域，所以很有自信。

②說起來熱忱風格是自己比較不擅長的，但會盡量準備，讓熱情能夠展現出來。

③由於不擅長表現出熱情，這次可能會拒絕這項任務，或是請其他人接手。

④因為其他展示活動也有比較要求熱情的趨勢，所以接下來會努力成為充滿熱情的人。

說真的，如果大家都是①就好了，很可惜選①的人很少（在你的身邊，選①的人是不是也屈指可數呢？）

在這種情況下，大多數人都屬於②～④。其中，有許多人選擇了②。也就是說，回答者都會在某種程度上努力，以求能夠合乎評估者的意向。

應該有相當多的人想要選擇③，但如果可以的話，他們大概還是不會選擇這一項吧！畢竟沒人想引起不必要的摩擦。

至於④，是不是有點超過了？像這樣覺得的人應該很多吧？雖說是被要求的，卻也沒辦法突然說變就改變。至少，要把個性改變到那種程度，可不是那麼容易能做到的。

基本上，現在的年輕人也是如此。

我想要為覺得「這句話是啥意思？」的人，來做點說明。

現今的社會（大人們）對於年輕人的要求，說起來就是：獨立性、自律性及溝通能力。

而在年輕人當中，對於這三要素有自信（也就是①）的人，屬於少數。然而，他們也不想表明「這不可能，我要拒絕」（也就是③）。如果選了這一項，那就會完全地向下掉落。若周圍的大家都一起向下的話那當然好了，但如果只有自己會陷入這種狀況，就絕對不會如此選擇。

實際上，社會所要求的，應該就是④這類的人了。關於這一點，大多的年輕人都是可以理解的。

那可是能動力全開地投入學習或工作，與上司、同事、顧客不斷溝通，還會自行提出新創意或企劃的人才。是即使失敗了也能馬上重整旗鼓、朝著下個任務邁進的人才（也就是④）。

我能很輕易想像得到，年輕人會希望自己成為那樣的人。我也可以想像得到，這肯定就被稱為是「獨立性」吧！

「可是，做不到。」

與其說這是年輕人的想法，不如說是身而為人的真實想法。

雖說是有其需求，但也無法突然就有所改變。至少，我不認為自己能夠成為那樣的人才。

最重要的是，也並沒有想要成為那樣的人。

這樣一來，剩下的只有一個選項了。以消去法得出的一項——表現得像個有適當熱情的人才。

表現得像個有適當獨立性的人才。

換句話說也就是②了。這是在當前環境當中，合理的結論。

還好，若是如此現在的年輕人們還能夠應付得來。因為他們在學校教育裡，都學到了「獨立學習」。

各位成人、各位前輩，希望你們在這邊都能清醒過來。

從本質上來說，被要求「要擁有獨立性」時，應該沒有人會回答「是，我會的」。因為獨立性就是人原本具備的特質。

既然如此，當你被施壓要「發揮出獨立性來」時，該怎麼辦？不就只能去表現得像個「已具獨立性」的人嗎？或者，要與施加這種壓力的人分道揚鑣呢？

正因現今本社會裡的「年輕人啊，要有獨立性」的壓力，才讓他們的獨立性演技變得更強大。

要我說的話，年輕人們可是好不容易才不選擇分道揚鑣的選項，轉而透過表演，來確保世代之間的溝通能夠圓滿。

「誘導人們的心情」是傲慢的

一個研究動機的人會說出這樣的話，或許會讓人覺得很矛盾吧？然而——現在的人才培育理論，多數都會提及年輕人們的特質、性格、個性等。重點不在言語及行動，反而是放在其背後的心理特質上。

其原因在於，他們的言行舉止是令人費解、無法解讀的，在某些情況下，他們對於身為上司或前輩的你，或是對於公司，還可能會帶來壞處。所以讓人很困惑，總希望如果可以的話，能夠做些什麼。

到這邊為止都還能夠瞭解。

但問題就從這裡開始。

即便他們的言行舉止再令人費解、無法解讀，甚至對於自己來說還有可能會帶來壞處，但「想要改變他們的心理」這樣的行為並不好。或者應該說，做這樣的事情並沒有意義。

在絕對不損害到自身利益的前提之下，試著改變應對方式、試著改變說話方式，或者改變環境——即便以這種方式來誘導年輕人，也沒有意義。人的心理特質並不會被這種事情所改變。

我再說一次。

以培育人才的名義，來誘導他人的心情，是不是有點過分了呢？

那麼，又該怎麼做才好呢？

接下來，我想提出五個考慮的提案。雖然都還處於假設階段，但希望能給大家一些思考的提示，可以的話就太好了。

許多人陷入對於「傾聽」的誤解

首先從「傾聽＋同理心」開始。

這些全都是在傾聽１０１時學過的。所有與我建構起信賴關係的指導者們，都已經做到了這些（各位真的是很優秀的指導者）。

受到年輕人信賴的指導者們，在一對一的初期，可以說幾乎都會經歷過同理心的過程。

他們會無意識地（完全不假修飾地）做出：「是啊，沒錯。」、「這我真的懂！」之類的反應。

「什麼啊，就這麼簡單的事？」看到這裡，或許有很多人會這樣想（是的，就是這麼簡單的事）。

然而，想要真的能夠做到，可是相當不容易的，所以請再看下去吧！「如果在無法做到同理心的場合要怎麼辦？事實上，這樣的情況很常出現。」這樣覺得的人也並不少。

我希望像這樣的人，能務必記住一件事。

那就是「傾聽」究竟是什麼——這件事。

關於一對一所要求的技術已經討論過了，但「傾聽」並不限於一對一，而是在眾多溝通情境都需要的必備項目。

只是，多數人都將「傾聽」誤解成「就是默默地聽」。

在此請先重新把「傾聽」當成**「積極且主動聆聽」**來理解吧！

若這樣想，就會知道「傾聽」其實也不是件輕鬆的事情。

即便說積極，也不是指對什麼事情都得做出很大的反應才行（基本上，請記住你的小算計都是會被發現的）。

傾聽一聽就是種被動的行為，所以不知道「主動傾聽」的態度應該要怎麼做？在此，希望各位想像以小孩子為對象的場景。這時你很可能就會積極地傾聽（即便你不明白孩子在說些什麼）、主動地傾聽（就算內容七零八落）了吧？

當然如果對方是小孩子，稍微用些小技巧引導還可以；然而，當對方是成年人時，這樣做就有點不太好了。因為每個人都知道這一點，所以當以中學生或更年長的人為對象時，就請不要這樣做了。

不過，原則並沒有改變。

提案①：「傾聽」的建議與三要點

光這樣說應該還是很難以理解，所以我想要整理成以下三點，來傳達「傾聽」的重點。

那就是**①有興趣且愉快、②能夠同理、③盡可能不做修飾**。這三點並非並列，而是包含順序在內的建議。

先前曾再三地提到「積極且主動傾聽」，當你實際展現這種態度，就會形成①有興趣且愉快的互動。

來具體地想一下吧！假如在一對一時，想要分享工作上遇到的煩惱與問題，或是身為社會人士未來可能的發展方向等。那麼，去瞭解在眼前的部下或後輩是抱持著什麼想法在工作？將來想要如何發展？這些事情，對於身為上司或前輩的你來說就非常重要，就算做為同事也應該要感興趣。

但是，你如果突然談起這些的話，會怎麼樣呢？

最容易出現的反應，就是會圍繞在抽象的內容上打轉。

對部下來說，會盡可能地以模糊、不得罪人的表達方式，來維持著不會遭到否定或批評的狀態，同時避免留下強烈的印象。

現在的年輕人已從無數經驗當中得知，採取這種態度能夠讓對方滿意贊同，也知道這樣能夠保持住「很平常地認真且優秀的人」的標籤。

不過，這樣會讓一對一的意義大大地減損。想要盡量引出並共享具體的談話，關鍵就在於要**具體**。

在此所必須的，就是你要感到興趣並能樂在其中。

例如，試著詢問：「平常回家以後都做些什麼呢？」（此時，首先要先從自己的情況開始說。）

「就，很平常地做做菜、看看影片什麼的。」假設你獲得了這樣的回答。

值得高興的是，這邊出現了兩個關鍵詞，要選哪一個都沒關係。但好不容易有這機會，這裡就試著選擇難度較高的「影片」吧！

「影片？都看些什麼類型的？」

「就一般的YouTube之類的。我還蠻喜歡VTuber（Virtual YouTuber）的。」

「VTuber？那是什麼？有趣嗎？我挺好奇的，再多告訴我一些。」

就像這樣的感覺。的確，我舉了一個對上司們來說似乎很棘手的例子，然而，換成是你，能否做得到呢？（讀完這本書後，就別說「辦不到」了。）

讀著這本書的你，回到家之後，對於VTuber是否仍然有興趣，實際上來說並不那麼重要。

不過，在當場請務必保持興趣。

這個，就被稱為同理心。

「咦，VTuber是指像Hikakin*那樣的嗎？」

「那個人是YouTuber啦！（笑）」

＊譯註：ヒカキン，日本知名Youtuber。

如果能就這樣跟進話題，對你來說會很有幫助。但多數年輕人可能不會這樣回。

於是，你也來看看吧！馬上就拿出手機來——

「等等喔，我現在找找……。咦？是這個？」

「是的，沒錯。雖然這跟我自己推的內容不太一樣……。」

進展到這邊，「傾聽」已經不知到哪去了。雖說是這樣的程度，但沒關係。這段時間就是用來讓你練習「積極且主動傾聽」的。一對一的時段，也是為了上司或前輩而存在的，這是我一直以來的主張。

不過，即便這樣做能夠達成「②能夠同理」這項要求，但與「③盡可能不做修飾」的要求卻是相反的吧？畢竟，不假修飾的自己，對於VTuber可是分毫興趣都沒有的啊……。

沒錯。所以，來試著拿出真實的反應吧！

「這個，有趣嗎？（笑）不就是電腦繪圖風格的卡通角色在吃飯而已嗎？」

像這樣，試著把真實的感想說出來。

在我的預想裡，應該會接到：「不會啊，這很有趣喔！明明就是卡通角色，說的話卻跟一般人一樣，就很好笑啊！」這樣的回應（是這樣就好了）。

假若此時，你心裡並不認為，卻硬說了「這超有趣啊」的話，之後就有得受了。而且，總會被看出是勉強這樣說。所以，盡可能不要多加修飾是很重要的。

「真誠地談論自己」能夠打開對方的心

內容好像變得有些奇怪了，來換個場景吧！接下來是大學裡的個別面談。

在序章裡，寫過到目前為止我所在大學裡個別面談的演變。那現在變成什麼樣子了呢？

對應方式會依據各自的案例而有所不同——這個是大前提。我對於人才培育的理論是「趨勢要分類來看，對策要依個別情況而異」。

不過，透過許多的經驗與分析，我認為有一件事改變了，那就是——我現在會更常真實地談起自己的事情。

我現在經常跟學生談論，自己對哪些事物感興趣，以及接下來想要做些什麼。由於是關於未來期望與目標的話題，基本上可以很自在地談論。

當然，做為必要的例行公事，我會詢問大學生活或學習方面有沒有什麼困擾。不過，除非有明確的問題或需要討論，否則我並不會太深入地詢問。

這樣的做法，至少能夠緩和學生的緊張感。眼前的研究者只是很開心地在談論自己的期望而已。學生可能會想到，只要回句「這真有趣啊！」之類的話就好了吧！

依據情況，也可能有學生真的覺得很有趣，而決定一起參與研究。事實上，還挺多的。

所以在其他人看來，我似乎總是和學生或研究生在一起做些什麼的樣子，簡直就是個看似陽光又開朗的好老師。在飄盪著封閉感的日本，竟然有彷彿明亮陽光照射著的校園場景……才沒這種事，我就是個研究人員而已。在研究或人才培育的領域裡，沒有終點。當解決了一個問題，前方就會再看到三個。所以從事研究與人才培育的我，人生裡的「終點」絕對不會到來。（我絕望的人生啊！）

陽光且正面人設的明亮校園場景雖然很有魅力，但很遺憾地，我生來就是個性格陰鬱的消極角色（感覺有點抱歉）。

簡單來說，我要問的是：你能夠關上自己的「社會人士開關」嗎？

提案②：有時候要談談熱情與努力的必要性

如同先前所說，基本上在如今的日本社會裡，年輕人的市場價值正在持續上升中。可以說是「年輕價值」通貨膨脹的狀態。

在其中，也出現了企業會盡一切手段來吸引年輕人的情況。

在這些情況裡，最近尤其頻繁聽到的方法是——展現人際關係的品質。不論是在現場或網路上，都出現了「我們公司職員感情都像這樣好喔」、「敝公司正在熱烈舉辦各種活動」這類的展現。而「錄取者懇談會」就是其中的典型例子。

當然，正如第八章裡所討論過的，這些努力會有一定的效果。

而且，這些傳達人的品質的方法也正在進化中。例如，對於從兩家公司拿到了錄取通知、迷惘著該去哪邊的學生，企業的人事部門肯定會不遺餘力地要讓自家被選中。雖說如此，不停地送出許多公關訊息這種推播類的展現方式，對現在的學生來說只會產生反效果。這一點身為人事業務負責人，應該都學過了。

所以，該展現的立場應該是以「無論你選擇了哪條道路，我們都會替你的展翅翱翔加油」、「如果選擇了敝公司，我們會很高興」這樣的風格做為基本路線。收到的學生應該會認為「這家公司的人都很不錯啊」，或許就會因而傾心於該公司。

像這樣地，要在「環境優勢、壓力減少」以及「工作價值感」之間做平衡，真的是進入了一個很困難的時代啊！而且對於已經進了公司、一起工作的年輕人來說，這種幼稚的平衡依然還在。

即便你是出於重視對方，才在日常持續表現出「別勉強啊」、「今天這樣就好了」

的態度，但若年輕人自認「我明明就想要做這樣的事情啊」，卻沒有機會說出來，或許就會認為公司是「溫吞黑心企業」而離開了。

即便如此，年輕人也並不會自行強勢地表達意見。

說穿了，現在許多年輕人的立場就是——等待公司或上司給予他們「適當的成長機會」，並對該狀況做出評價。（感覺超麻煩的對吧！）

那麼，當與這類乍看之下對於工作有意願、能感受得出白色職場*溫暖（但不會採取獨立行動）的年輕人接觸時，應該要留意哪些重點呢？

我的建議是，有時候不僅僅是溫暖，也要談談關於熱情與努力的必要性。

例如：「今天雖然已經結束了，但我還要留下來加個班。因為有些事情想要試著做看看。」要不要試著像這樣隨口說看看呢？

＊編註：ホワイトな職場，指環境友善、主管溫和的友善職場。

「好不容易空出了時間，這樣就能做些喜歡的事了。」請用帶著光環的感覺來說。

「啊？剛剛前輩說了『有想要試著做的事情』？原來工作也能像這樣積極地來對待啊……」只要對他們輸入了這樣的印象，那就夠了。或許他們對於工作的看法就會稍稍有些改變也說不定。

提案③：重新檢視過去不合理的態度與勇氣

關於年輕人提早離職的對策方面，我想已經有許多的人事部門都提出過適當的措施（及相當程度的努力）。然而如同各位所察覺的，這已經不再只是人事部門能夠自行解決的問題了。

在現今許多企業裡，工作範圍的劃分仍舊很模糊，而努力與成果和評價之間的關係，也同樣很模糊。

在這種環境中，上司當然會把重視氛圍當成是組建團隊的方法。彷彿在開始之前說：「大家一起努力吧！」結束以後喊句：「大家都辛苦了！」就能夠和樂融融地笑著過下去。

不過，在這笑聲的背後，肯定會有年輕人覺得「好像怪怪的」、「只講求氛圍，其他事情都模糊不清」、「這裡或許不適合我待」。

而且，這些年輕人，很有可能就是你最不希望看到他辭職的人才。他們可是那種能夠將他小時候從大人那邊聽過的「不論何時，都別忘了初衷」、「要珍惜自己的想法與感性」這些訊息，都確實地付諸實行的寶貴人才。

在他們離去之後所留下的，或許就只剩下獨立性低、以等待指令為主、只靠團體的量產型新進職員了吧！

在此，我還有一個提案。

在演變成這樣之前，應該要一個一個重新檢視到目前為止被當作「理所當然」的不合理文化。

最終當然是需要全公司的努力，但也有些事情，可以只由人事部門或是業務部門單獨完成。

不久之前，還會用「因為我們不是那樣的公司啊」、「這就是社長的意思」笑著帶過的事情，可能對於年輕人來說，就是很重要的事情。

事實上，即便開始處理了，到看見成效為止也會花上一些時間，更有些案件是處理到一半就不得不放棄的。

但是，這些情況本身並不是問題——這就是我的提案重點所在。

我認為我們已經看到，有許多知名人士透過社群軟體，對於社會上不自然、不合理的情況提出指責說：「這種事情很奇怪吧！」並且受到了許多年輕人的支持。

而在公司內部，如果至少能持續展現出願意重新檢視不合理之處的態度，相信也能引起積極年輕人的共鳴吧！

需要特別說明的是，我並不是說「要厚待年輕人」啊！

再怎麼說，也就只是建議重新檢視公司內部過往遺留下來的不合理文化，並保持追求公平性的態度，這樣的提案罷了。

上方的空氣不流通，下頭就會出現「那樣做很奇怪耶」、「要不要稍微重新檢視一下呢」的舉動。對於長期待在同一個組織裡的人來說，我認為這是很有勇氣的行為。

我瞭解這些「說起來容易，做起來難」。

但正因如此，我認為務必要讓年輕人們見識到前輩們帥氣的一面。

提案④：讓他們看見「在泥濘中前進的模樣」

有些突然地，很抱歉現在要把你認定為三十歲以上的人。實際上如果設定為四十多歲也可以，五十來歲也沒問題，不過，我希望把年齡設定在退休之前。

然後，來跟二十多歲的人對話吧！

地點或場景在哪裡都沒關係，但請設定出某種程度上很強烈的「只有兩個人單獨談話」的感覺。例如：可以在居酒屋的吧檯位置上，或是在公園長椅上也行。

然後，你對二十多歲的年輕人這樣說：

「到了這把年紀，有一件事情讓我很後悔。那就是年輕時，如果有再多挑戰一些就好了。所以啊……」

好的，先在這邊停住。

這彷彿連續劇裡會出現的台詞，從年輕人的角度來看，接下來你將面臨著兩個選擇。遣詞用字跟表達方式當然因人而異，但是從在這裡的二十多歲年輕人的立場來看，你將會朝著以下「A」與「B」的某一方前進。

首先從「A」開始看起。

A：「所以啊……所以啊，我不希望你像我一樣感到後悔。從現在開始要做的事情還有很多喔！所以，加油啊！」

我自己是認為這個「A」的台詞很帥。酷酷的，還有一點醒悟的感覺。

這個先放一邊，接下來談談「B」。

B：「所以啊……所以啊，因為實在沒有辦法了，我想就從現在開始吧！先前我去書店買了十幾本入門書，雖然才剛開始看，但還挺有趣的……。」

如何呢？我覺得「B」感覺有點遜。怎麼說呢，有種呆頭呆腦的感覺。至少我自己是這樣覺得的。

但是，我也發現到了，現在的年輕人對此的印象，似乎跟我是不一樣的。

這兩個選擇的故事，至此我跟不知道多少學生說過了。由於提問的方式有很多種，沒辦法統整出明確的資料，但從結果來看，很明顯地多數的學生都支持「B」。

你覺得「A」與「B」，哪一位更有親切感？想跟哪位一起工作？覺得哪一位比較帥氣？

我用了各種方式詢問，大約有八〇％的學生都選擇了「B」。

我冷靜地對結果做了這樣的解釋。

首先，「A」不論說了多麼帥氣的話，最終的力道還是朝著年輕人而去。年輕的你啊，加油——這就是結論。

這樣一來，年輕人的反應就會跟往常一樣爽朗，展現出很年輕人的演技，並且回應變得制式化。

「謝謝您告訴我這件事！從現在開始，我也要努力了。今天非常感謝您！」

然後，這件事情當場就到此為止了。

另一方面，「B」又如何呢？

首先，不會有奇怪的力道朝著年輕人飛去。要努力的主角是說話的前輩，所以年輕人並不會感到「壓力」。

而更重要的一點在於，這場一對一裡，年輕人並不是主角。

對於年輕人而言，他的心境會因為這個場合、這個時間究竟是以自己為中心呢？還是對方為中心呢？而出現很大的不同。對於許多人來說都是如此。

對學生展示這兩個選擇時，我有說明這位前輩是「有做出相當成績的前輩」。在學生當中，也有人再次跟我確認這一點。

「咦？這位前輩是還算有能力的前輩吧？但設定看起來彷彿從頭開始學習起記帳三級這樣的東西，這不是很厲害嗎？」

也有其他的學生這樣說：

「如果有這樣的前輩，我可能會希望他務必讓我幫忙吧！我還沒有就業所以沒辦法說什麼，但是對於加班什麼的，我並不是很在意。」

我在這裡看見了一縷光明。

這不就是能夠弭平世代間差距的一項提示嗎？或許這與前輩世代們（也就是指所

有人）所期待的模樣與未來的願景有些不同，但依然是指引出能夠讓我們「一同向前邁進」方法的一道光。

如今的年輕人只尊重現役選手。而對於年輕人來說，「現役」指的是什麼？我希望各位可以試著想看看。

飲酒交流發揮出真正價值的時刻

關於跨越世代之間溝通的話題，在此請讓我澄清一件大家常會考慮的事情。

「近來，拜新冠病毒與騷擾問題所賜，飲酒聚會的次數少了許多。」

「不，就算沒有新冠病毒，就算喝酒的機會也沒有減少，近來也沒有辦法趁著這樣的機會來加深不同世代間的關係了。我覺得現在的年輕人不會只因為是在喝酒聚會的場合，就把心給打開來。」

像這樣的對話，可能有，可能沒有。

三十歲以上的各位，是否就趁著這個機會，跟我來個約定呢？

如果要跟年輕人一起去喝酒聚會，要不要就等到他們自己想去的時候再去？

年輕人裡只有一個充滿活力的說要去不算，要等到大概半數的年輕人都想去為止。而且這一半也不能只是「那就去沒關係啊」這樣的程度，要等到他們認為「請務必讓我參加，我想好好談談」的程度。

至於為何要有大概一半的人，這是因為有許多年輕人，只要有人帶頭說好，就會不管自己的想法，認為趁此機會跟去才是正確做法（這種時候，強烈建議要與帶頭說走的人單獨去喝）。

不論如何，總之請等到你從年輕人那邊聽到這樣的話為止。

對年輕人而言，會認定對方是想要（或可以）一起用餐或飲酒聚會的對象，大致可以分成兩類——**「無害的人」**與**「感興趣的人」**。

從比例上來看，前者「無害的人」占壓倒性多數。不過我現在要談的是後者，感到有興趣的人。

對於有好孩子症候群的年輕人們來說，對工作抱持熱情的上司或前輩很可怕，光是如此就會造成壓力（如同在第九章中所說過的）。

但是，那也有個前提條件存在。會造成壓力的，是與年輕人對峙的上司或前輩職員們。

對峙是指與他們面對面的情況。若並非如此，而是朝著同樣方向前進的前輩們，感覺就有點小帥氣。會讓人覺得值得信賴、想要跟他談話，（說不定）還會想要一起喝一杯。

要不就保存好你的飲酒交流力，直到他們這樣想為止吧？

當那一天到來，希望你能夠把自己直率的感受給說出來。當然，不是超誇張的那種「豐功偉業」。

那麼該說些什麼呢？如果想從現在開始準備的話，請為你的後輩想好以下問題的答案——

問題① 你喜歡現在的工作嗎？

問題② 你喜歡現在工作的哪部分？喜歡些什麼？有多喜歡？

「最可怕的上司」是什麼樣子？

之前，我曾經與學生們就「你認為怎麼樣的上司最可怕？」討論過許多次。關於理想上司形象或讓人想要避開的上司形象的問卷調查很常見，但很少看到有關可怕上司形象的調查。

於是，我就把學生們召集起來進行討論了。那天第四節課結束時，我找了間空教室、挪動了桌椅，還買來了點心。

簡單地來看一下結果吧！

最先出現的是「生氣的上司」。

緊接其後的是「喜怒無常、情緒會變來變去的上司」。

這樣感覺稍微還有些不足，我想要引出更多他們的真實想法。我邊吃著學生買來的巧克力派，邊提出了問題。

說起來，怎樣是可怕呢？

「真的耶，是怎樣啊？」（全體）

「像金間老師就屬於可怕的那一類。」（女生）

「是這樣嗎？」（女生）

「嗯，絕對是。」（男生）

「可是只要讓他吃巧克力派就沒問題了吧！」（男生）

他們說了這些。由於感覺到壞心眼，我繼續提問。

說起來，也會覺得後輩可怕嗎？

「這肯定會的。」（男生）

「尤其是在交情變好之前會，因為他們感覺比我們聰明。」（女生）

把「金間老師」跟「後輩」並列在同樣可怕的起點上，實在很讓人難以理解。

而且應對的措施是，金間老師就用巧克力派；後輩就用加深交情來處理，這樣的結論我也無法接受。

就在我這樣想著的時候，討論繼續進行，最後出現的意見竟是「最可怕的上司＝聰明的上司」。不論性格多好，平常有多溫和都一樣。理由就在於：「工作時，我與聰明的上司談話都會緊張。」

附帶一提，考慮到學年與性別差異、我改變了成員與點心後進行了第二次檢討會，但結果幾乎相同。

這一次（第二次）的結論是**「完美的上司」**。

理由跟第一次幾乎一樣。

剛剛的理由是「在工作時，（與聰明的上司）談話都會緊張」。這似乎並非是學生才會有的現象。

在傾聽101裡，有一個問題是「面對看起來很忙碌的上司，當你有個應該要進行口頭報告的專案時，會怎麼做？」特別是年輕人，做出了以下回答：

- 由於有想要報告的專案，發送電子郵件（包括通訊軟體、訊息等）讓上司與我聯繫。
- 發送電子郵件（包括通訊軟體、訊息等）確認是否能夠立即報告。
- 與前輩確認，看何時前去報告是最好的時機。

以工作來說，這都繞了很遠的路啊！當然也有人會「立即報告」，但明顯地是少數。在印象中，尤其是選擇第一點的人很多。

我在問題裡特意設置了一個「面對看起來很忙碌的上司」這樣的障礙，然而即便把這個刪去，獲得的結果可能還是差不多吧？說起來人只要正在做什麼事情（例如：只是在看手機），看起來就可能是很忙的樣子。

我推測身為上司或前輩的你，肯定也經歷過有類似態度的部下吧？並也因為看到了這樣的態度，特意地告知對方「隨時都可以來找我喔」。

我不曾與各位見過面。

但我想像，在部下眼中的你肯定是很友善，而非喜怒無常的人。

但為何年輕人對於向你報告卻依然有所猶豫？理由何在？

那並不是因為你「不夠溫和」或「不友善」。

而是因為你是個「合格的上司」。合格的上司既聰明又完美。所以部下腦子裡就會塞滿了要被檢查的想法——光這樣就讓人覺得很「可怕」了。

無論你營造了多麼無限制、開放的氛圍，只要一到工作時就沒用了。

所以年輕人們才會說「因為要去報告很可怕，所以希望是對方過來」。

可能有許多讀者會認為「這也太天真了」，但我是（透過本書整體）站在年輕人的立場說話的。

不自行採取行動，總之就是等待著。就算截止期限要到了，還是會等到上司找自己說話，或是收到電子郵件為止。

明明就在門的那一邊，卻還是發了「因為有事情想要報告，當您有空時請叫我一聲」這樣的電子郵件。

這就是有好孩子症候群的年輕人給人的感覺。

提案⑤：別再當「合格上司」了

對於有著那樣的部下的你，我有個建議。

讓他們看到你的失敗。

就讓他們看看你搞錯了、跌倒了，慌慌張張想要挽救的樣子。

完全地共享這些，接著讓他們幫忙。

當然，我不是要你故意製造失敗。因此，自認「我不會失敗」的人，對於我的建議就請當作沒看到吧！

除此之外的各位，覺得如何呢？辦得到嗎？

你的自尊心不容許這樣的事情發生嗎？還是討厭意外地被認為是無能的上司呢？

這樣的心情，我非常能夠理解（我的目標可是成為一名酷帥又有型的教授）。

不過，我現在是以年輕人的立場在說話。

如果你是「合格的上司」，而且是一次都不曾失敗過的「聰明、完美的上司」，你的部下就會害怕到承受不了失敗，連小錯誤也不敢犯。

這是因為部下已認知到「工作上絕對不能出錯」。

所以，他們打從一開始就不會去碰那些可能會出錯的事情。

當你給出了能拿十分的指示，即便本來有拿到十一分結果的可能性，但他們也不會去承擔那加一分的風險。

而收到了能拿十分的指示之後，即便已經拿到了九．九分，只要沒有拿到剩下的○．一，他們肯定也不敢來報告。

再說一次，你沒有必要故意失敗。

如果你發現自己陷入了「啊，弄錯了」的情況（或是好像就要陷入了），別只想著用你的經驗、能力或努力來立即挽回，試著向部下或後輩尋求協助吧！他們肯定會發揮出力量的。

對上司或前輩來說，一對一是「未知的領域」

對於要接受一對一的部下或後輩們，我要代替上司與前輩們，來爆料一件他們難以啟齒的事情。

如同開頭所寫的，一對一這樣的措施在日本國內廣泛地普及開來，僅僅是數年前的事情。當然在那之前，一對一並未成為明確的機制存在著。（當然啊！）

所以，如今的上司或前輩們，正在試著用僅花幾天時間進行培訓所獲得的知識，在執行誰都不曾做過的一對一（這也是當然的）。

儘管如此，他們卻還彷彿是一般人都能勝任那般，被要求擔任顧問、導師這類，本來根本不曾聽過的角色（這邊就不太自然了）。

尤其是對許多四十歲以上的人們來說，過去完全沒機會有系統地學習與溝通有關的技能或知識。幾乎所有被歸類為「公司內部溝通」的東西，都是以實際獲得的經驗為基礎學到的。

更不用說，還沒有空間或想法可以用來進行系統性的理論與洞察。

基本上，那時他們連敬語都無法好好運用就進公司工作了。*過去的大學就是這個樣子，大家都稱呼自己的大學是「遊樂園」。（是啊！）

新進員工培訓時他們才學會了一系列交換名片、行禮方式等規矩，接下來就到現場學習了。

而如今，連大學二年級的日本學生，一般都已經會用敬語表示「我知道了」（承

＊編註：此為日本情況。日本職場上使用的敬語非常嚴謹，和日常用語不同。

知しました）。

面對溝通能力如此強大的二十多歲世代，要說出「今天起我就是你的指導者了」，這裝酷也未免裝得太可笑了。

最後，我想要爆出來的料是——最會在一對一時因無法順利溝通、沒能引出對方真實心情或想法，而感到煩惱的人，就是上司或前輩們了。

一對一不僅僅是向著年輕人而已，上司、前輩也都在學習。

希望身為部下或後輩的各位，能夠協力讓這裡成為雙方的學習場所。

一對一現場，正是上司或前輩要學習的地方

我想可能有許多人都誤解了。

執行一對一的不是公司，而是身為上司或前輩的你。如果你是想著「因為是工作

所以去執行」，那你的部下就太可憐了。

在一對一裡被看著的人並不是部下，而是你。被評價的人也是你。

在一對一裡成長的人並不是部下，而是你。部下是為了你而撥出時間來的。

在一對一裡得到幫助的人並不是部下，而是你。部下正為了讓你的部門變得更好而在努力工作。

這些事情，是我在這次的調查研究過程裡被許多人教導的。

我想還有另一個與溝通有關的誤解。

本來，工作中的對話，就多數都是一對一。在現場我們幾乎都是一對一在進行溝通的。

所以其實我們經驗是很充足的。尤其是許多人都在「客觀」、「理性」、「邏輯」等領域十分擅長。

缺乏的部分是**內省**。尤其是缺乏關於「主觀」、「感性」、「同理心」的反思。當然，因為這些要素在過往的商業領域中，都屬於應該被消除掉的部分。

你公司或人事部門可能已送來了一份關於溝通的手冊。上面寫著「要注意主觀感受與感覺」、「你個人做的解讀是危險的」，還寫著「一切都可能成為騷擾」。

但人事部門並不是為了自我保護而強迫拘束職員，只是為了要保護職員而已。然而這些做法，讓我們更加停止去思考人的心。

我希望至少請不要停止去思考。

一對一是無法只靠快速技能完成的。稍微讀幾本書、看些影片就能學會的技術，是無法適用於活生生的人類對象的。

請務必珍惜你的主觀與同理心，希望你能重視地培育它們。

在與年輕人對話時，這些肯定能成為你的武器。

國家圖書館出版品預行編目(CIP)資料

年輕人為什麼安靜離職？：停止淺層對話、降低內心攻防、提升有效回饋，成為共同成長的最強團隊／金間大介著；林曜霆譯. -- 初版. -- 新北市：方舟文化，遠足文化事業股份有限公司，2024.10
面；　公分. --（職場方舟；30）

譯自：静かに退職する若者たち

ISBN 978-626-7442-83-8（平裝）

1.CST：人力資源管理 2.CST：工作心理學 3.CST：職場成功法

494.3　　113012405

方舟文化官方網站　　方舟文化讀者回函

職場方舟 0030

年輕人為什麼安靜離職？

停止淺層對話、降低內心攻防、提升有效回饋，成為共同成長的最強團隊

静かに退職する若者たち

作　　者　金間大介
譯　　者　林曜霆

封面設計　吳郁婷
內頁設計　莊恒蘭
資深主編　林雋昀
行銷經理　許文薰
總 編 輯　林淑雯

出 版 者　方舟文化／遠足文化事業股份有限公司
發　　行　遠足文化事業股份有限公司（讀書共和國出版集團）
231 新北市新店區民權路 108-2 號 9 樓
電話：（02）2218-1417　傳真：（02）8667-1851
劃撥帳號：19504465　戶名：遠足文化事業股份有限公司
客服專線：0800-221-029　E-MAIL：service@bookrep.com.tw
網　　站　www.bookrep.com.tw
印　　製　呈靖彩藝有限公司
法律顧問　華洋法律事務所　蘇文生律師
定　　價　420 元
初版一刷　2024 年 10 月
ISBN　978-626-7442-83-8　書號 0ACA0030